本草纲目对症药膳速查全书

吴剑坤　　张国英　主编
健康养生堂编委会　编著

江苏凤凰科学技术出版社

健康养生堂编委会成员

（排名不分先后）

药食相辅，美味带来健康

药膳，形成于传统的中药学精粹基础之上，将中药和某些具有药用价值的食物相配，在食用中发挥其保健和治疗作用。它最大的特点是“寓医于食”，既将药物作为食物，又用食物辅以药效，二者相辅相成；既具有很高的营养价值，又能让良药不再苦口，从而达到防病治病、保健强身、延年益寿的作用。如今，人们的生活水平不断提高，自我保健的观念也日益提升，以药膳来防治疾病的方法越来越多地受到人们的青睐。

在中药材中可供做滋补品和食疗药膳的有500种之多，占全部中药材的1/10。药膳是将中药与食物相搭配，经过加工，制成色、香、味、形俱佳的食品。这些特制的食疗药膳，可以做成菜肴、点心、小吃、糖果、蜜饯等形式，不胜枚举。

药膳讲究的是通过饮食调整人体机能，并提升人体免疫力。药膳所使用的原料，能在食物中充分发挥其防病治病和健康养生的显著效果。因此，药膳通过特定的配方不仅可以达到治病的功效，更可以通过调和阴阳、增补亏虚等方式，来提升人体免疫力，以达到增强体质、预防疾病的作用。

进行膳食搭配时，要根据患者的体质、健康状况、患病性质、季节时令、地理环境等多种因素，来确定相应的食疗原则。这样，既能将药物作为食物食用，又可以赋予食物以药力，二者相辅相成，相得益彰。

现在的药膳在传统中医学的基础上，又吸取了现代营养学及烹饪学的精华，即“药借食味，食助药性”，满足了人们“厌于药，喜于食”的天性；且各类食材及药材种类繁多，可任意煎、炸、炒、炖、蒸，满足了人们各种不同的口味及要求。

药膳是中医的一种延伸，通过祛除人体的“邪”气，进而达到标本兼治的疗效。药膳讲究“五谷为养，五果为助，五畜为益，五菜为充，五味合而服之，以补精益气”的膳食搭配原则，既能满足人们饮食的需求，又可以满足营养与保健的要求，具有治病、强身、抗衰老的作用。因此，用药膳来保健养生、延缓衰老明显要好于一般用药。

很多疾病发生时或在发病的某个阶段，用药膳或食物为主加以治疗具有显著的效果，膳食疗法是临床综合疗法中一种重要的不可或缺的内容。传统中医认为食物的四气、五味、归经、阴阳属性等与人体的生理密切相关，我们可针对证候，根据“五味相调，性味相连”的原则，以及“寒者热之，热者寒之，虚者补之，实者泻之”的法则，用相关的食物和药膳来治疗调养，以达到治病康复的目的。

阅读导航

推荐药材和食材

根据不同的健康问题，向您推荐最有效的对症食材和药材。

便秘

因为粪便过于干燥而排便困难称为便秘，还会出现排便次数明显减少，2～3天或更长时间一次，排便无规律。

对症药材		对症食材	
❶ 黑芝麻	❹ 松子仁	❶ 雪梨	❹ 蜂蜜
❷ 当归	❺ 柏子仁	❷ 豌豆荚	❺ 南瓜
❸ 无花果	❻ 决明子	❸ 玉米粒	❻ 韭菜

无花果

雪梨

健康诊所

病因探究 便秘的病因是多方面的，历代中医对此有很多论述。如感受外邪，肾脏受邪致使津液枯竭，肠胃干涩；肠、胃、肝等脏腑热结，致使津液干燥。病因还有宿食留滞、痰饮湿热结聚、气机郁滞、肠胃阴寒积滞等。

症状剖析 大便次数减少，便质干燥，排出困难；或粪质不干，排出不畅。有时伴见腹胀、腹痛、食欲减退、嗳气反胃等症。如果拼命用力排便会诱发心肌梗死和脑中风，长期便秘会引发痔疮。

本草药典

柏子仁

性味 味甘，性平。
挑选 以粒饱满、黄白色者为佳。
禁忌 大便溏薄者、痰多者亦忌食。

功效

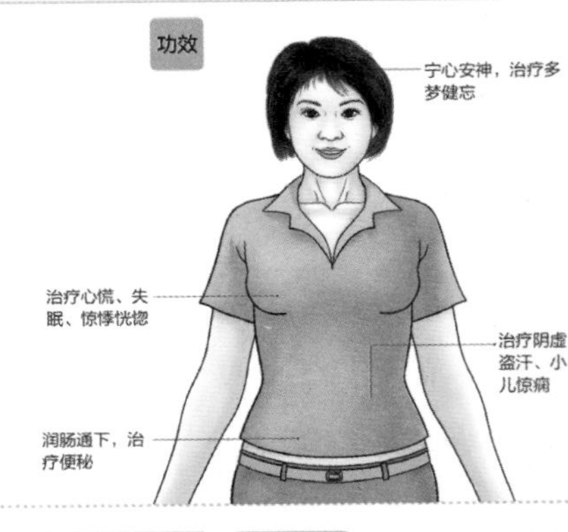

饮食宜忌

宜
- 便秘人群宜多吃些粗粮，比如糙米和胚芽米、玉米、小米、燕麦等杂粮。
- 根菜类和海藻类中膳食纤维较多，对治疗便秘有很好的效果。

忌
- 如果是由结肠痉挛引起的，应该避免食用豆类、甘蓝等容易造成排气的食物。

保健小提示

- 除了调整饮食外，按摩支沟穴和大肠俞穴，也能刺激肠胃蠕动，有助于消除便秘。在排便后用温水坐浴10～15分钟，并做提肛运动，能有效预防痔疮的发生。

74 本草纲目对症 药膳 速查全书

饮食宜忌

提醒您饮食的注意事项，让您吃出健康的好身体。

保健小提示

在生活细节中关注您的健康，通过起居饮食调养身体。

人参蜂蜜粥

材料：

【药材】人参3克。

【食材】蜂蜜50克，生姜5克，韭菜5克，蓬莱米100克。

做法：

1. 将人参放入清水中泡一夜，生姜切片，韭菜切末。
2. 将泡好的人参连同泡参水，与洗净的蓬莱米一起放入砂锅中，中火煨粥。
3. 待粥将熟的时候放入蜂蜜、生姜、韭菜末调匀，再煮片刻即可。

药膳功效

此粥有调中补气、清肠通便、润泽肌肤的作用，适用于因气虚而导致的面色苍白，以及由气血两虚而导致的大便秘结等患者食用。蜂蜜具有补中、润燥、止痛、解毒等功效，可治疗肺燥咳嗽、肠燥便秘、胃肠疼痛、喉痛、口疮等症状。

食材百科

韭菜富含膳食纤维，保持肠道水分，能促进肠蠕动，缓解便秘，促进食欲。包馅最好用紫根韭菜，青根韭菜则一般茎粗，叶子宽，适合做炒菜，常搭配鸡蛋、虾仁炒食。

松仁炒玉米

材料：

【药材】松子仁20克。

【食材】玉米粒200克，青、红椒各15克，盐5克，味精3克。

做法：

1. 将青、红椒洗净，切成粒状。热锅后，放入松子仁炒香后即可盛出，注意不要在锅内停留太久。
2. 锅中加油烧热，加入青、红椒稍炒后，再加入玉米粒，炒至入味时，再加炒香的松子仁和调味料拌匀即可。

药膳功效

本药膳可改善肺燥咳嗽、皮肤干燥、大便干结，常食能防治肥胖病、高脂血症、高血压、冠心病等。其中松子仁有益气健脾、润燥滑肠的功效。

食材百科

玉米能调中开胃、利尿、降血脂，可用于治疗食欲不振、小便不利或水肿、高脂血症、冠心病等。玉米胚能增强新陈代谢、调整神经系统功能。不过，玉米发霉后能产生致癌物，所以绝对不能食用。

第二章 健脾益胃篇

第二章 健脾益胃篇 75

推荐药膳

食材与药材的精心搭配，教您烹调出有养生功效的美味药膳。

食材药膳速查索引

鹌鹑蛋

牛肉

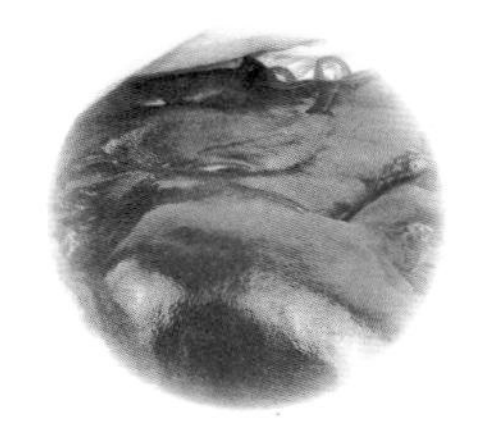
鸡肝

肉蛋类

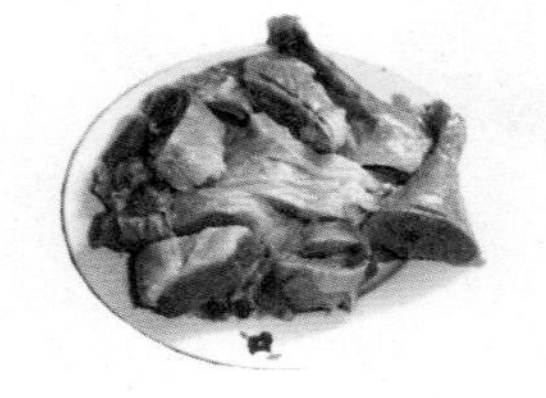

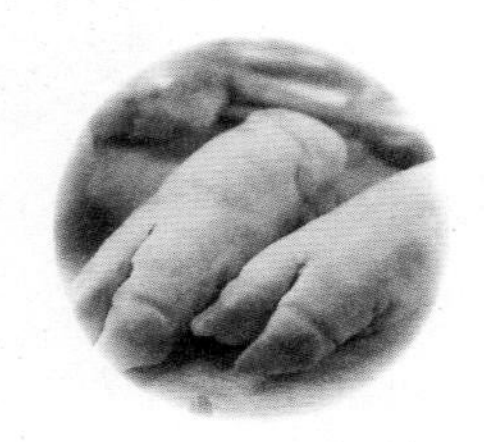

肉蛋类

乌鸡　　鸭肉　　猪蹄

水产品

甲鱼

虾

海参

蔬菜类

白萝卜　　木耳　　南瓜

草莓

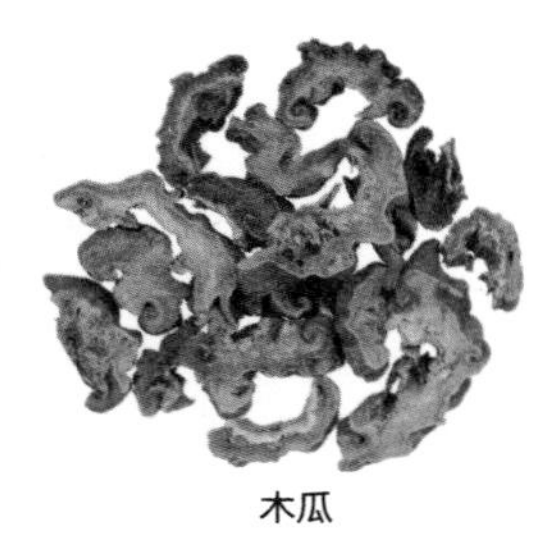
木瓜

柠檬

水果类

黑豆

谷物、豆类

10种适合家庭栽种的常用药材

薄荷

小档案

【性味】味辛，性凉，无毒。
【出产地】主产于浙江、江苏、湖南。
【药用部分】地上全株。

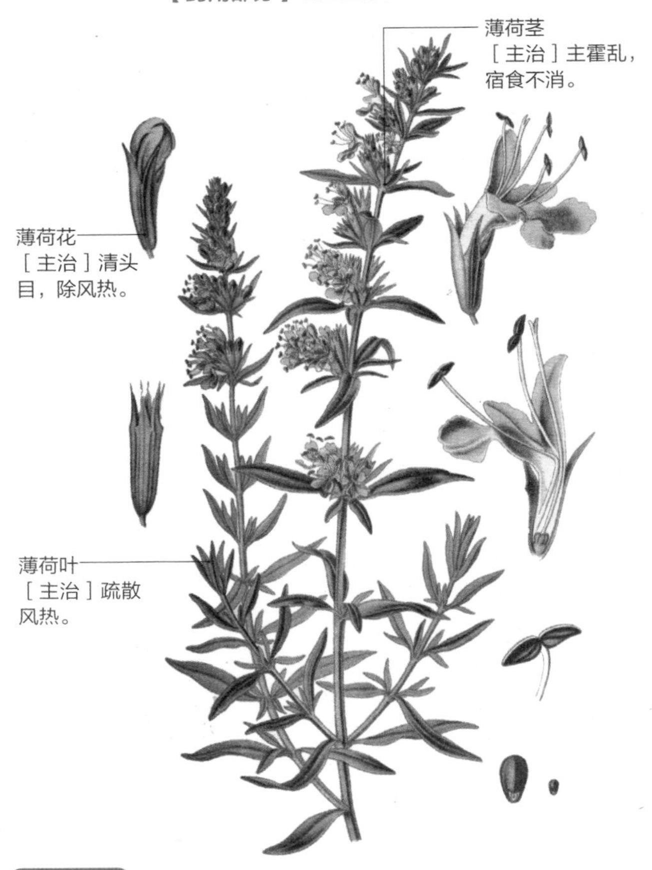

功效详解

治感冒头疼、目赤、身热、咽喉肿痛、胸闷胁痛等症。

外用可治神经痛、皮肤瘙痒、皮疹和湿疹等。

良品辨选

株高 60~100 厘米，花穗呈白色，香味清淡，叶脉明显。药用以叶多而肥厚、色绿、无根、干燥、香气浓者为佳。

家庭种植

- 可 3~4 月间挖取根状茎，剪成 8 厘米长的根段，埋入盆土中，经 20 天左右就能长出新株。或在 5~6 间月剪嫩茎头扦插。
- 施肥时以氮肥为主，磷钾为辅，少量多次。
- 可在小暑节气前一周和秋分至寒露间，两次采收供药用。

药膳选荐

桑菊薄荷饮

材料：

薄荷30克，桑叶5克，菊花8克，蜂蜜适量，棉布袋1个。

做法：

1.将薄荷、桑叶、菊花用棉布袋装起来，备用。

2.水烧开稍凉后，将棉布袋放入，浸泡10分钟后，加蜂蜜调味即可。

功效：

清肝明目、祛风清热。

枸杞

小档案

【性味】味甘，性平。
【出产地】全国各地，主产于宁夏、甘肃、新疆。
【药用部分】枸杞子、枸杞叶。

功效详解

有降低血糖、抗脂肪肝作用，并能抗衰老、降血压。

治肝肾阴亏、腰膝酸软、头晕目眩、虚劳咳嗽、遗精。

良品辨选

落叶灌木。枝细长，叶卵状椭圆形。花紫色，漏斗状。浆果卵形或长圆形，深红色或橘红色。

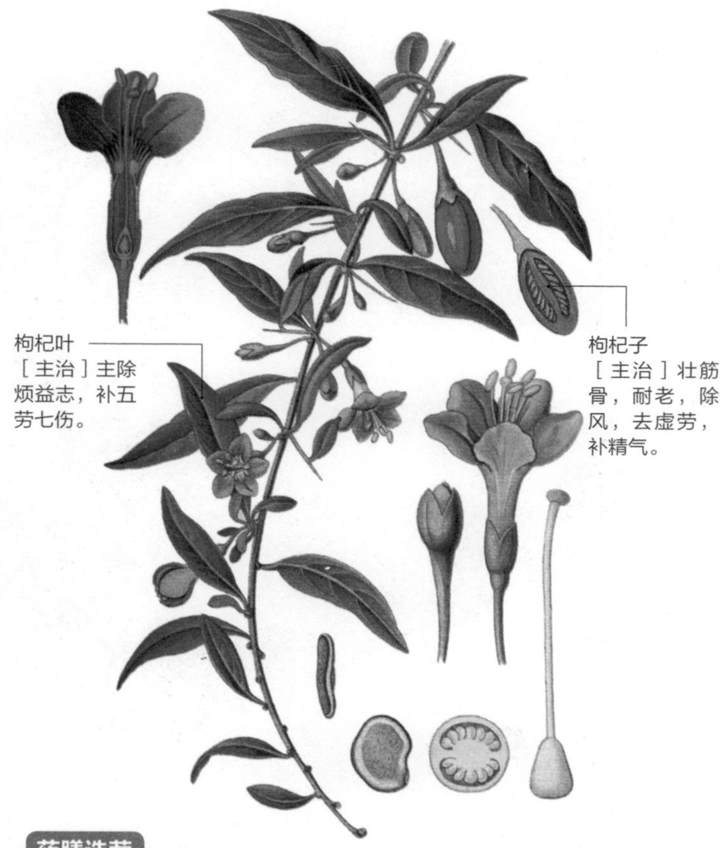

家庭种植

- 于3~4月上旬，取几根15厘米长、0.5厘米粗的健壮枝条，扎成一捆。
- 枝头向上立于沙土中，下半部以湿沙土覆盖，保持土壤湿度。
- 适合的发芽温度为18℃~25℃。果实成熟后采摘，干燥即可。

药膳选荐

大枣枸杞鸡汤

材料：

枸杞子30克，党参3根，大枣30克，鸡300克，生姜、葱、盐、酱油、胡椒粉、料酒各适量。

做法：

1.将鸡洗净后剁成块状，大枣、枸杞子、党参洗净。

2.所有材料和葱、生姜一起入水炖煮，加盐、酱油、胡椒粉、料酒，煮沸后转小火炖20分钟即可。

功效：

养肝明目，补血安神。

菊花

小档案

【性味】味苦、辛、甘，性微寒，无毒。
【出产地】浙江、安徽、河南、四川。
【药用部分】菊花、菊叶、根。

功效详解

能镇静解热，用于感冒风热、发热头昏。

菊花、菊叶生熟皆可食，能明目，治疗冠心病、高血压。

良品辨选

分毫菊、滁菊、贡菊和杭菊4类。以毫菊、滁菊品质最优。按颜色不同，还可分为白菊花和黄菊花。

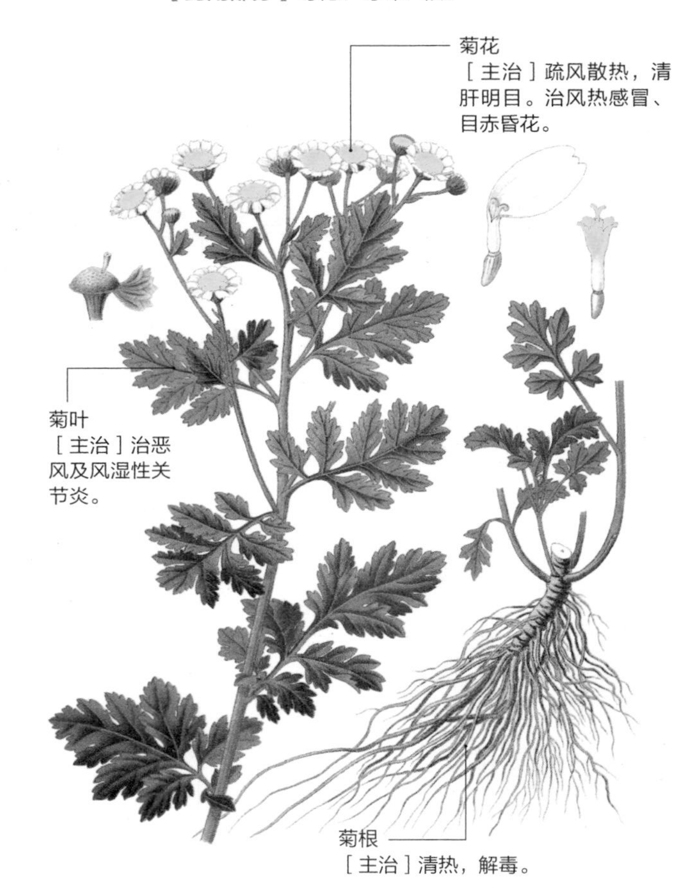

家庭种植

- 菊花喜温，耐寒，怕水涝，但花期不能缺水。
- 可以在4~5月份扦插种植，每天光照不超过10小时，才能现蕾开花。
- 一般于霜降至立冬前采收，连茎秆割下，倒挂于通风干燥处晾干。

药膳选荐

银花白菊饮

材料：

金银花、白菊花各10克，冰糖适量。

做法：

1.金银花、白菊花分别洗净、沥干水分，备用。

2.水煮开后，放入金银花和白菊花，再次煮开后，转小火慢熬，至有香味，加入冰糖，搅拌均匀即可饮用。

功效：

补肺滋阴，养肝解毒。

艾蒿

小档案

【性味】味苦，性温，有小毒。
【出产地】全国大部分地区。
【药用部分】植物全株。

功效详解

艾叶能止脓血痢，止崩血、肠痔血，止痛经，安胎。

用苦酒作煎剂，治癣极为有效。

良品辨选

成丛状，茎直生，叶形状像蒿，呈卵状椭圆形，叶面青色而背面是白色，有茸毛，柔软厚实。

家庭种植

- 在11月份采用根茎扦插繁殖，或在春季用种子种植，对土壤要求不高。
- 艾蒿是喜阴喜湿的植物，要避免日晒，保持土壤水分充足。
- 生长良好时，植株可达1米左右。采地上全株，干燥即可。

药膳选荐

艾叶煮鸡蛋

材料：

艾叶10克，鸡蛋2个。

做法：

1.将艾叶洗净，加水煮开后，慢慢熬煮直至熬出颜色。

2.稍微放凉后，再加入鸡蛋一起炖煮，待鸡蛋壳变色即可食用。

功效：

回阳驱寒，理气止血。

蒲公英

小档案

【性味】味苦、甘，性寒，无毒。
【出产地】全国各地。
【药用部分】植物全株。

功效详解

有清热解毒、消肿散结及利湿通淋的作用。

改善湿疹，舒缓皮肤炎、关节不适、消化不良、便秘。

良品辨选

絮中有子，落地生根。其茎、叶、花、絮都像苦苣，折断后有白汁，花黄色，像单菊，但更大。

家庭种植

- 最好在 5 月下旬播种刚采收的新种，覆 0.5 厘米以下沙壤；也可以挖根栽植，栽后浇足水。
- 夏至秋季花初开时采挖，除去杂质，洗净，切段，晒干。
- 每年晚秋，要及时清理掉地上部分的枯黄，以防病菌和害虫在栽培地里越冬。

药膳选荐

蒲公英银花茶

材料：

蒲公英50克，金银花（银花）50克，白糖适量。

做法：

1.将蒲公英、金银花冲净，加清水，煮开转小火慢煮20分钟。
2.在熬煮的过程中，需定时搅拌，最后加入白糖，拌匀，渣取汁当茶饮。

功效：

清热解毒，消肿散结。

小茴香

小档案

【性味】味辛，性温，无毒。
【出产地】全国各地均有。
【药用部分】小茴香子、小茴香叶。

功效详解

除膀胱、胃部冷气，能调中止痛、开胃下食、止呕。

有抗溃疡、抗菌、镇痛等作用。

小茴香子
［主治］散寒止痛，理气和胃。治痛经、寒疝腹痛、胃寒气滞。

小茴香叶
［主治］促消化，防感冒。

良品辨选

全株具特殊香辛味，叶羽状分裂，表面有白粉。夏季开黄色花，复伞形花序。果椭圆形，黄绿色。

家庭种植

- 茴香根系发达，喜高温强光，怕阴雨，所以应选择有一定厚度的沙土播种，播种深度在 2 厘米左右。
- 生长期适宜温度在15℃ ~20℃，需适量施用氮肥和磷肥。
- 果实由绿变黄时采摘，干燥即可。

药膳选荐

茴香拌杏仁

材料：

杏仁50克，小茴香嫩叶200克，橄榄油1勺，鸡精、盐各适量。

做法：

1.将小茴香嫩叶洗净，沥水待用；将杏仁微火炒一下，晾凉。

2.将小茴香叶和杏仁放在一起，加橄榄油、鸡精和盐拌匀即可食用。

功效：

温阳散寒，理气止痛。

五味子

小档案

【性味】味酸、甘，性温，无毒。
【出产地】东北三省、西南等地。
【药用部分】茎、叶、果实。

功效详解

治咳逆上气、盗汗、失眠、多梦、遗精。

消水肿、心腹气胀，生津止渴，除烦热，解酒毒。

良品辨选

红色蔓枝长 2~3 米。叶尖圆像杏叶。3~4 月开黄白花，7 月结果，生时为青色，熟则变为红紫色。

家庭种植

- 在 8~9 月，选择饱满的种子，用腐殖土或砂土播种。
- 刚出苗时要遮荫，长出两三片叶时，就可正常光照了。
- 生长期需要足够的水分和营养，尤其是在孕蕾开花结果期。采摘成熟果实，晾干即可。

药膳选荐

参麦五味乌鸡汤

材料：

人参片15克，麦门冬25克，五味子10克，乌骨鸡腿1只，盐适量。

做法：

1.将乌骨鸡腿剁块，汆水，与人参片、麦门冬、五味子一起入锅，加水没过材料。

2.煮沸后转小火续煮30分钟，快熟前加盐调味即成。

功效：

收敛固涩，益气生津。

菟丝子

小档案

【性味】味辛、甘，性平，无毒。
【出产地】全国各地，以北方为主。
【药用部分】花、叶、种子。

功效详解

养肌强阴，坚筋骨，治口苦燥渴。

主治宫冷不孕、阳痿遗精、小便余沥不尽。

久服去面斑，悦颜色。

良品辨选

攀附其他草木生长。无叶但有花，白色微红，香气袭人。结的果实像秕豆而细，色黄。

菟丝子
［主治］补肾益精、养肝明目，止泻、安胎。

菟丝子花
［主治］养肌强阴，坚筋骨。

菟丝子叶
［主治］补肝祛风。

家庭种植

- 菟丝子和芝麻种子混合，播种深度2～3厘米。
- 菟丝子会比芝麻晚出苗，幼茎为淡黄色，细如丝线，3～5天开始缠寄宿主，靠寄生营养生活。
- 生长期要给芝麻施肥。
- 菟丝子种子成熟后采收，干燥即可。

药膳选荐

菟丝子烩鳝鱼

材料：

干地黄12克，菟丝子12克，鳝鱼250克，肉250克，竹笋、黄瓜、木耳各适量，蛋清、水淀粉、盐各适量。

做法：

1.将菟丝子、干地黄煎两次，过滤取汁。

2.鳝鱼肉切成片，加水淀粉、蛋清、盐煨好，放温油中划开，待鱼片泛起，捞出，放入药汁中，再加其他材料炖煮熟后调味即可。

功效：

补肾益精，养肝明目。

瞿麦

小档案

【性味】味苦，性寒，无毒。
【出产地】河北、河南、辽宁、江苏。
【药用部分】全草入药。

功效详解

瞿麦穗治月经不通，有破血块、排脓的作用。

瞿麦叶主痔瘘并泻血，可做成汤粥食用。

良品辨选

又名石竹，其茎纤细有节，株高 30 厘米左右，花大如钱，红紫色。果实像燕麦，内有小黑子。

家庭种植

- 春、夏、秋三季都能种植，以春季为佳。
- 播种深度 1 厘米。
- 长到 10~15 厘米高时，适量施用氮肥，花期保证水分。
- 半籽半花时为收割适期，割取全草，晒干即可。

药膳选荐

瞿麦排毒汁

材料：

莲子10克，瞿麦5克，苹果50克，梨50克，小豆苗15克，果糖1/2 大匙。

做法：

1.莲子和瞿麦浸泡30分钟后，加水小火煮沸后，滤取药汁待凉。

2.各种材料切丁，加果糖、药汁用果汁机混合搅拌，即可饮用。

功效：

利尿通淋，破血通经。

车前草

小档案

【性味】味甘，性微寒，无毒。
【出产地】遍及全国，但以北方为多。
【药用部分】植物全株。

功效详解

具有清热解毒、利尿通淋、渗湿止泻、清肝明目、祛痰止咳的作用。

良品辨选

叶子布地像匙面，结长穗像鼠尾。穗上的花很细密，色青微红。果实为红黑色。

家庭种植

- 在4月份用种子繁殖，选择较肥沃的沙质壤，播种深度1厘米左右。
- 车前喜肥，尤其在开花结籽期补充肥料，能保证其籽粒饱满。
- 当种子呈褐色时收获，暴晒1～2天，然后去皮壳即可。

药膳选荐

车前草大枣汤

材料：

车前草（干）50克，大枣15颗，冰糖2小匙。

做法：

1.沸水中放入洗净的车前草，大火改为小火，慢熬40分钟。

2.待熬出药味后，加入事先泡发的大枣，待其裂开后，加冰糖搅拌均匀即可。

功效：

清热，利尿，凉血，解毒。

食物的五色与五味

食物的五色

食物的颜色多种多样，这里所说的五色主要指黄、红、青、黑、白五种颜色，它们分别对应人体不同的脏腑，即黄色养脾，红色养心，青色养肝，黑色养肾，白色养肺。

黄色食物　主要作用于脾，能使人心情开朗，同时可以让人精神集中。

功效详解

◆ 有些黄色食物，含有大量植物蛋白和不饱和脂肪酸，属于高蛋白低脂食物，非常适宜高脂血症、高血压患者食用。

◆ 黄色食物大多富含胡萝卜素和维生素C，这两种物质有很好的营养价值，能抗氧化、提高免疫力，还能护肤美容。

◆ 黄色食物还含有丰富的膳食纤维，与胡萝卜素和维生素C共同发挥作用，对感冒、动脉硬化有很好的预防作用。

代表食材

玉米　菠萝　南瓜

香蕉　柠檬　木瓜

红色食物　能给人以醒目、兴奋的感觉，可以增强食欲，还有助于减轻疲劳。

功效详解

◆ 这类食物大多含有具抗氧化作用的类胡萝卜素，能清除自由基，抗衰老和抑制癌细胞形成。

◆ 红色食物含有番茄红素，具有抗氧化功能，可有效地预防前列腺癌。

◆ 红色食物所含的热量较低，因此常吃能令人身体健康，体态轻盈。

代表食材

山楂　草莓　番茄

西瓜　樱桃

绿色食物　帮助人体舒缓肝胆压力，调节肝胆功能，全面调理五脏。

功效详解

◆ 绿色食物中含有丰富的维生素、矿物质和膳食纤维，可以全面调理人体健康。

◆ 有些绿色食物中含有叶黄素或玉米黄质，这些物质具有很强的抗氧化作用，能使视网膜免遭损伤，具有保护视力的作用，可预防白内障和色素性视网膜炎等眼部疾病。

代表食材

黑色食物　大多具有补肾、利尿消水、养血补血的功效。

功效详解

◆ 黑色食物通常富含氨基酸和矿物质，有补肾、养血、润肤的作用。

◆ 黑色食物中还含有微量元素、维生素和亚油酸等营养物质，可以防治便秘、提高免疫力、美容养颜、抗衰老。

◆ 一些黑色水果中还含有能消除眼睛疲劳的原花青素，这种物质可以增强血管弹性，清除胆固醇，是动脉硬化的有效成分。

代表食材

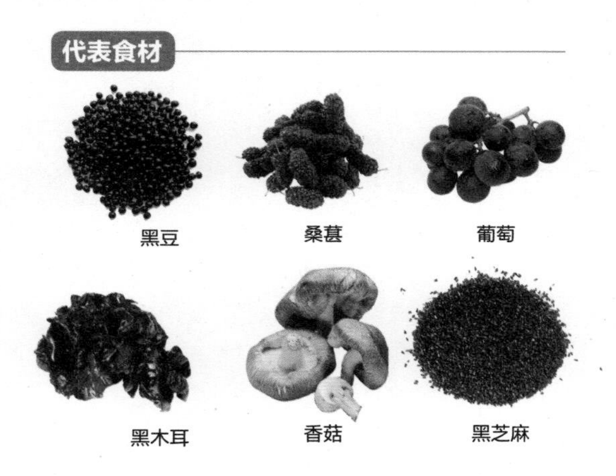

白色食物　具有防燥滋阴、润肺祛痰的功效。

功效详解

◆ 这类食物多富含碳水化合物、蛋白质和维生素等营养成分，可为人体提供充足的能量。

◆ 白色食物一般性平味甘，四季都可食用，禁忌较少，尤其适合用于平补。

◆ 一些白色食物还具有安定情绪的作用，同时有益于防治高血压，预防高脂血症。

代表食材

食物的五味

食物的五味是指酸、苦、甘、辛、咸五种味道。中医认为不同味道的食物有着不同的功效，同时它们分别作用于人体不同的脏腑，即酸入肝，苦入心，甘入脾，辛入肺，咸入肾。

酸味食物

功效详解

酸味食物有生津养阴、收敛止汗、开胃助消化的功效，适宜胃酸不足、皮肤干燥的人食用。酸味还能增强肝脏功能，提高身体对钙、磷等矿物质的吸收。

代表食材

橙子、李子、番茄、柠檬、草莓、葡萄、山楂、菠萝、芒果、猕猴桃等。

禁忌

食用过多会使皮肤无光泽，引起胃肠道痉挛，甚至消化功能紊乱。

苦味食物

功效详解

一般能清热泻火、燥湿通便，适用于有热结便秘、热盛心烦等症的人。苦味的食物还有利尿的作用，适合潮湿的夏季食用，能够清热、降火。

代表食材

生菜、苦瓜、苜蓿、西兰花、白果、杏仁等。

禁忌

不能过多食用，否则容易引起消化不良。

甘味食物

功效详解

有滋养、补虚、止痛的功效，可健脾生肌，强健身体，能解除肌肉紧张，解除疲劳。甜食还能中和食物中的毒性物质，具有解毒的功能。

代表食材

大部分谷物和豆类、花生、白菜、南瓜、胡萝卜、红薯、甜瓜、荔枝、香蕉、大枣等。

禁忌

糖尿病患者要少食或不食。

辛味食物

功效详解

辛味具有舒筋活血、发散风寒的功效，能促进新陈代谢和血液循环。辛味食物能增强消化液的分泌，有助于增进食欲、促进消化。

代表食材

茴香、辣椒、胡椒、生姜、葱、蒜等。

禁忌

过多食用会损耗元气，伤及津液，导致上火。

咸味食物

功效详解

咸味有润肠通便、消肿解毒、补肾强身的功效。有些咸味食物还含碘及无机盐类，可补充身体里的矿物质，消除水肿。

代表食材

海带、海参、甲鱼、鱼类、蛤蜊、海藻等。

禁忌

若过多食用则会导致高血压、血液凝滞等症状。

药膳材料的保存与使用

药膳材料的保存

药膳材料一般都应放置在阴凉、干燥、通风处为佳。

需要长时间保存的药材，最好放在密闭容器内或袋子里，或者冷藏。

药材都有一定的保质期，任何药材都不宜放太长时间。生虫或发霉的药材，不可再继续使用。

如果买回来的药材上有残留物，要在使用前用清水浸泡半小时，用清水冲洗之后再入锅。

药材受潮后，要放在太阳下将水分晒干，或用干炒的方法将多余的水分去除。

药膳材料的使用

中药与食物相配，使“良药苦口”变为“良药可口”。药膳的制作除了要遵循相关医学理论，要符合食材、药材的宜忌搭配之外，还有一定的窍门，这样可以让药膳吃起来更像美食。

1.适当添加一些甘味的药材：因为具有甘味的药材既有不错的药性，又可以增加菜肴的甜味，这样就会使药膳的整体味道更好。

2.用调味料降低药味：人们日常生活中所用的糖、酒、油、盐、酱、醋等均属药膳的配料，利用这些调味料可以有效降低药味。如果是炒菜，还可以加入一些味道稍重的调味料。

3.将药材熬汁使用：这样可以使药性变得温和，又不失药效，还可以降低药味，可谓“一举三得”。

4.药材分量要适中：切忌做药膳时用的药材分量与熬药相同，这样会使药膳药味过重，影响菜品的味道。

5.药材装入布袋使用：这样可以防止药材附着在食物上，既减少了苦味，还维持了菜肴的外观和颜色。

除了以上一些诀窍，还要注意药膳的材料搭配一般因人而异，要根据就餐者不同的生理状况配以不同的药材，以达到健身强体、治病疗伤的功用。

特别提醒

如果不小心吃了与体质不符的药膳，要立即停止饮用、食用，要多喝开水，帮助代谢、加速排尿，或者选择与药膳寒热性质相反的食物来缓解不适的症状，但如果身体不适的症状很激烈，则需立刻就医。

药膳的烹饪方法

炖

炖是将药物和食物一起放入锅中，加适量水，用武火烧沸（如果烹饪肉类还要去浮沫），再用文火慢慢炖烂而制成的。

特点：

以吃汤为主，汤色澄清爽口，原料烂熟易入味，滋味鲜浓，香气醇厚。

烹饪要领：

隔水炖是将原料装入容器内，置于锅中或盆中加汤水，用开水或蒸汽加热炖制。不隔水炖是将原料直接放入锅内，加入汤水炖制而成。

焖

焖菜是先将原料放入烧至六七成热的油中，油炝之后，再加入药物、调料和汤汁，盖上锅盖，用文火焖至熟烂。

特点：

食品的特点是酥烂、汁浓、味厚，口感以柔软酥嫩为主要特色。

烹饪要领：

加入汤汁后要用文火慢炖；在原料酥软入味后，留少量味汁以保持滑嫩的口感。

煨

煨是把药物与焯烫过的原料放在锅里，加入汤汁、调料，武火烧开后置于文火上，进行煨制而成。

特点：

属于半汤菜，火力最小，加热时间最长的烹饪方法之一。以酥软为主，不需要勾芡。

烹饪要领：

原料可切成大块或整料，煨前不腌制，肉类开水焯烫撇净浮沫即可。注意水面保持微沸而不沸腾。

蒸

蒸菜是把药膳的原料用调料拌好，或做成包子，或卷馅料等，装入碗或盘中，置蒸笼内，武火改文火，用蒸气蒸熟。

特点：

营养成分不受破坏，香味不流失；菜肴的形状完整，质地细嫩，口感软滑。

烹饪要领：

不易熟的菜肴应放在上面，这样利于菜肴熟透；一定要等锅内水沸后再放入原料；停火后不要马上出锅，再用余温虚蒸一会更好。

煮

煮是将药物与食物放在锅内，加入水和调料，置武火上烧沸，再用文火保持锅内温度，直到食材煮熟。

特点：

菜肴多以鲜嫩为主，也有软嫩和酥嫩的，带有一定汤液，属于半汤菜，口味以鲜香为主，浓汤则滋味浓厚。

烹饪要领：

煮的时间比炖的时间短，为防止原料过度软散失味，一般先用武火烧开，再改用文火加热。

炒

炒是先用武火将锅烧干烧热，再加油，油烧热后再下药膳原料，翻炒加热至原料熟。

特点：

因为加热时间短，在很大程度上保持了原料的营养成分不被破坏，对原料的味道和口感保持较好。

烹饪要领：

原材料以质地细嫩，无筋骨为宜；要求火旺、油热，动作迅速；一般不用淀粉勾芡。

熘

熘是将原料用调料腌制入味，经油、水或蒸汽加工至熟后，再淋上调制好的卤汁或将加工过的原料投入卤汁中翻拌成菜。

特点：

滑熘以洁白滑嫩，口味咸鲜为主；软熘口味上有咸鲜味的，也有微酸或兼具辣味的。

烹饪要领：

掌握好煮或蒸的火候，一般以断生为好，时间过短不熟，过长则失去软嫩的特点。

卤

卤是将原料焯熟后，放入卤汁中，用中火缓慢加热，使其渗透卤汁，烹至原料入味而制成的。

特点：

口感最丰富，可软可脆，香味浓重，润而不腻，是佐酒的上乘菜肴。

烹饪要领：

卤汁不宜事先熬煮，应现配制现使用；香料、食盐、酱油的用量要适当，避免味道或颜色过重，影响卤菜的口味和色泽。

烧

烧是将食物经煸、煎等方法处理后，再调味、调色，然后加入药物、汤汁和适量水，用武火煮沸，再调文火焖至卤汁稠浓。

特点：

勾芡或不勾芡，菜品饱满光亮，入口软糯，食材充分入味，香味浓郁。

烹饪要领：

原料经过油炸煎炒或蒸煮等熟处理；火力以中小火为主，加热时间的长短根据原料而定；汤汁一般为原料的1/4左右；烧至菜肴将熟时转旺火。

炸

炸是将药膳原料裹糊或者经调味汁腌制，或者制成丸子等，放入油锅中炸熟而成的。

特点：

水分含量低，香味浓郁，口感酥脆；软炸则口感酥软，或者外焦里嫩。

烹饪要领：

油炸时油温不宜过高，防止焦糊；软炸要热油下锅，断生即出锅；干炸是在油六七成热就下锅慢慢炸熟。

女性药膳的选用

雌激素分泌最旺盛、精力最充沛的年龄段为20～35岁。超过这一年龄段，就开始进入逐步老化的阶段，身体开始出现各种各样老化和衰竭的症状。

·35~45岁·

气血两虚——“疲劳难耐”

虽然35～45岁仍可生育，但一过35岁，月经周期和经血量等就会逐渐发生变化，内分泌平衡被打破。此外，这一时期生育、育儿及工作等造成的体力消耗，易导致失调、情绪不稳等问题。还会自我感觉发冷、彻夜难眠，清晨起床后仍然感觉疲劳难耐。

药膳选用原则

中医学将这一年龄段看作气血开始衰弱的气血两虚时期。这一年龄段女性的食物养生应积极摄取不使身体发冷的平性及温性食物，应选择食用补气、养血的药膳。

推荐食材

草莓

番茄

乌鸡

推荐药材

当归

山药

桂圆

·45~59岁·

阴虚、气滞、淤血——“为更年期综合征而烦恼”

闭经的前后10年为更年期，这一时期要经历从生育期过渡到非生育期的诸多重大变化。这一时期，伴随着雌激素的减少，易出现更年期特有的症状，如面部潮红、下半身发冷、焦躁不安、头痛腰痛等。

药膳选用原则

应多摄取有助于活血的食材和药材。气的运行淤滞，易导致焦躁忧虑等心理不调症状，因此有助行气的食材也要积极摄取。

推荐食材

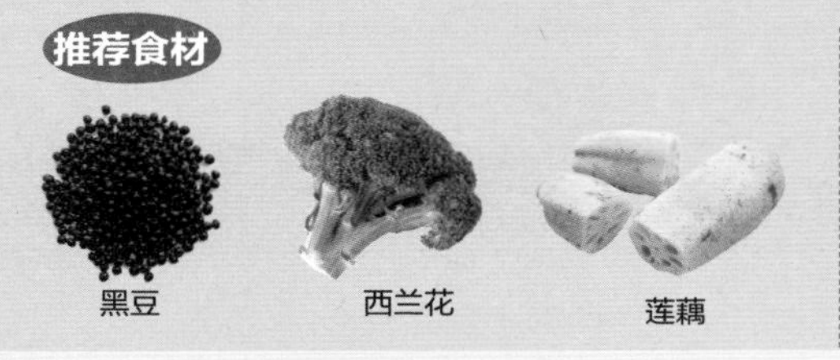
黑豆　西兰花　莲藕

推荐药材

益母草

党参

红花

·60岁以后·

脾肾气虚、淤血、痰湿——“出现各种老化症状”

一过60岁，各种老化症状就显现出来：皮肤上皱纹、老年斑明显，骨质变脆，腰膝疼痛，易尿频或夜间多尿，记忆力低下。身体各个器官都在衰退，容易受到老年痴呆、肾脏疾病等退化性疾病的侵袭。这个年龄段还易患动脉硬化等心血管疾病。

药膳选用原则

此时脾肾的气运行机能下降，体内血与津液的运行不畅而导致血淤滞，容易形成淤血和痰湿体质。应该选择具有祛痰化湿、活血化淤功效的材料制作药膳。

推荐食材

大枣　香蕉　黑木耳

推荐药材

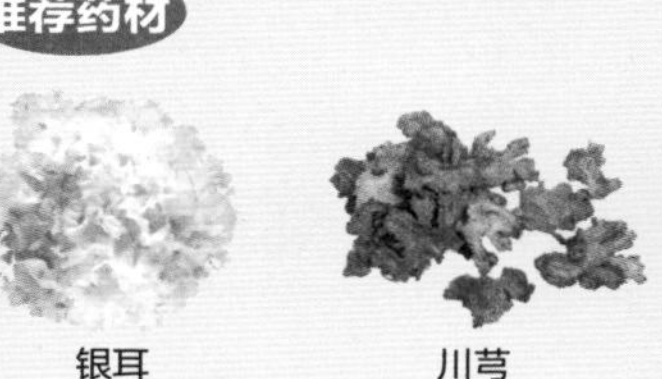
银耳　川芎

丹参

男性药膳的选用

男性的老化是从40岁开始的。一旦进入40岁，男性身体的老化会迅速推进，就像流水一样，一泻而下。身体各种机能的老化伴随着气虚、肾虚而出现。

·40~55岁·

气血两虚——“自我感觉精力减退”

40～55岁的男性已过盛年，到开始出现身体衰老的年龄了。会突然变得易疲劳，脱发、白发问题明显，自我感觉精力减退，易患高血压、糖尿病等生活习惯病，还易患癌症。

药膳选用原则

这一时期男性的突出问题就是“肾虚”。因老化造成的肾衰退，易导致气血少、易疲劳、性功能衰退等问题。因此应选取补气、养血益肾的材料制作药膳，改善气血不足的症状。

推荐食材

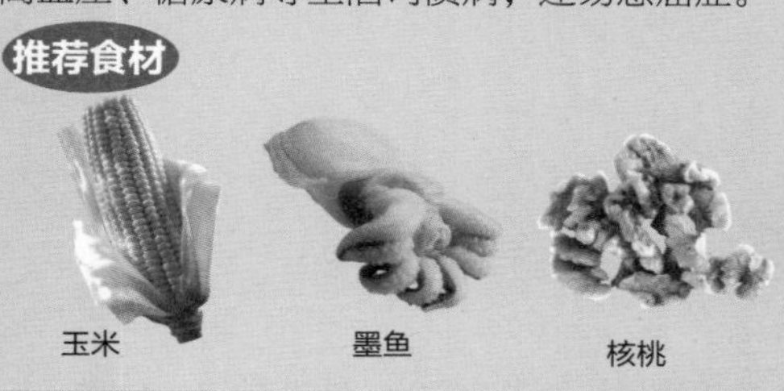

玉米　墨鱼　核桃

推荐药材

黄精

熟地黄

菟丝子

·45~59岁·

肾虚、淤血、气虚、气滞——“排尿及性功能衰退”

这一年龄段的男性因肾脏机能衰弱，会出现排尿障碍，越来越多的人为腰膝疼痛、前列腺肥大、阳痿等症状烦恼，开始实实在在地感到身体在老化了，还易出现抑郁、焦躁易怒等情绪的变化。

药膳选用原则

此时肾功能不佳，具有调节自律神经和造血作用的肝的功能也会低下。为提高已衰弱的肾脏机能，制作药膳时应选择气血双补的食材和药材。

推荐食材

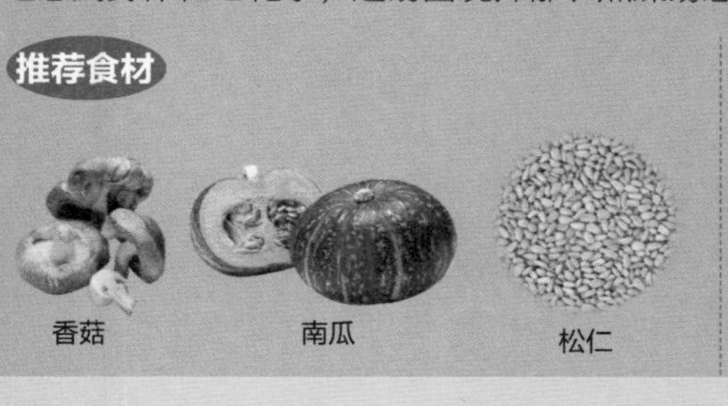

香菇　南瓜　松仁

推荐药材

肉苁蓉

芡实

甘草

·70岁以后·

脾肾气虚、淤血、痰湿——“疲劳乏力，易生病”

身体老化的影响愈发巨大，已经表现出明显的衰老，例如内脏机能衰退，视力、听力、记忆力低下，消化机能减退，食量小导致营养不良，体力、抵抗力弱，易患感冒、肺炎等传染性疾病。

药膳选用原则

中医学认为，补不足以平衡周身，健康才能得以维持。男性老年期易出现明显的气血不足，所以应选择适宜的补气和补血的食物和药材。

推荐食材

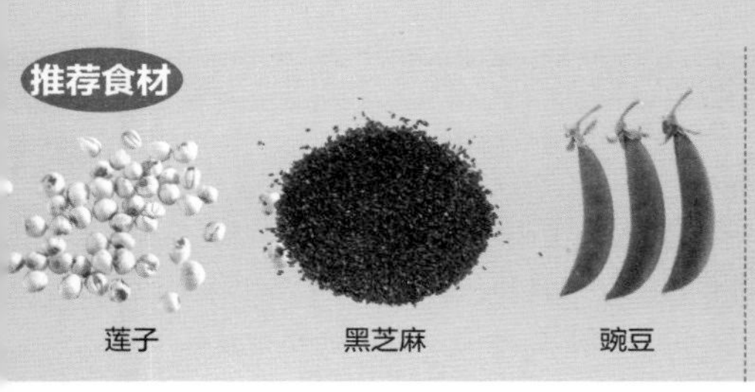

莲子　黑芝麻　豌豆

推荐药材

党参

枸杞子

何首乌

四季药膳的选用

春

万物复苏的春季，身体阳气升，身心机能被激活。但“肝”，也就是自律神经若过于活跃，易引发身心不适、自律神经不调等问题。通过具有理气养血作用的食物，恢复“肝”的正常机能，是春季食物养生的基础。

药膳养生原则

春季养生一般应以补益为主，合理选用益气、利血、养阳的药膳。通常北方可采用人参、熟地、当归、黄芪等；南方适宜采用党参、白术、薏苡仁等。天气明显转暖后，则可进凉补之品，如玉竹、生地、沙参等。

药膳推荐

鸡肝菟丝子汤

材料：

鸡肝100克，菟丝子15克。

做法：

将鸡肝洗净，切成小块；菟丝子洗净，装入纱布袋内，扎紧袋口。将所有材料一起放在砂锅内，加水煮沸后再改用文火煮熬30分钟左右，捞去药袋即可。

党参粥

材料：

党参10克，粳米100克，红糖10克。

做法：

先将党参用温水浸泡2小时，粳米洗净。在锅内加1升左右清水，大火煮沸后，把党参与粳米一起放入锅中，煮至参烂粥稠、表面有油时放入红糖调味即可食用。

夏

闷热的夏季，体内易积热，喝水过多易导致水肿。身体发懒无力、无精打采、无食欲、中暑等是夏季常见症状。选择具有清热利尿作用的食物是夏季食物养生的基础。

药膳养生原则

夏季宜进行“清补”。夏季宜选用味甘淡，性寒凉的食物，以调节身体的冷热平衡。少食不易消化的糯食，蔬菜应多吃苦瓜、丝瓜、藕、菠菜、芹菜、茄子等，少食韭菜和辣椒等容易上火的食物。

夏季制作药膳应选择清热解暑、利尿去湿的中药，藿香、半夏、紫苏、竹叶心、麦冬、莲心、桑叶等均可缓解暑热所致的心烦虚汗、疲惫乏力、食欲不振等症。竹叶、荷叶、薄荷、白菊花、决明子、金银花、板蓝根、鱼腥草等也是适宜药材。

药膳推荐

绿豆百合粥

材料：

鲜百合100克，绿豆25克，薏苡仁50克，白糖适量。

做法：

百合掰成瓣，用盐稍渍一遍，洗净；绿豆、薏苡仁先加水煮至半熟，再加入百合，改用文火煮；至所有材料酥烂，加白糖适量调味即可。

薏仁冬瓜汤

材料：

薏苡仁100克，冬瓜500克，生姜、盐、鸡精各适量。

做法：

冬瓜去皮洗净，切成小块。锅内加水适量，放入洗净的薏苡仁，文火炖1小时。加入冬瓜块、生姜片、盐，再炖半小时，加入鸡精调味即可。

秋

空气干燥，植物开始枯黄的秋季，人体同样缺乏滋润，易引发干咳、哮喘、皮肤干燥等问题。因此，食用具有润肤润肺、防止身体干燥的食物十分重要。

药膳养生原则

秋季风燥盛行，风燥而伤阴，脾胃也易受其影响，故秋季药膳应以清润为主，要多吃些滋阴润燥的饮食，以防秋燥伤阴。莴笋、白菜、番茄、冬瓜、芹菜等都非常适合秋季食用。

可以选用桑叶、桑白皮、太子参、西洋参等药物，能够清燥益气生津；还可以配以滋阴润肺濡肠的中药，如百合、枇杷叶、蜂蜜、沙参、麦冬、玉竹、白芍、天花粉、甘草等；也可加一些黄芪、党参、人参、白术、大枣等补中益气的中药。

药膳推荐

参竹煲老鸭

材料：

沙参、玉竹各50克，老鸭1只，葱、姜、黄酒、盐各适量。

做法：

把老鸭和药材一起放入砂锅，加水适量，煮沸后撇去浮沫，文火炖2小时，加葱、姜、黄酒、盐等调料，旺火再煮10分钟即可。

润肺银耳羹

材料：

银耳5克，冰糖50克。

做法：

将银耳用温水浸泡30分钟，然后撕成片状，放入锅中加适量水，煮沸后，用文火煎熬1小时，然后加入冰糖，直至银耳炖烂为止。

冬

寒冷的冬季，人体新陈代谢降低，阳气与养分积蓄体内。在中国，冬季被认为是养生的最佳季节。暖身、促进血行、储备元气是冬季食物养生的基础。

药膳养生原则

冬季是进补的好季节，进补要注意养阳。根据中医“虚则补之，寒则温之”的原则，冬季可以选择多吃温性、热性的食物，提高机体的耐寒能力。适合冬天食用的有狗肉、牛肉、鸡肉、龟肉、羊肉、虾肉等暖性的肉食；胡萝卜、葱、蒜、韭菜、芥菜、油菜、香菜等蔬菜；还有黄豆、栗子、蚕豆、红糖、糯米、松子等。

在制作药膳时，适合选用具有补虚作用的中药，如人参、白术、大枣等补气药，杜仲、核桃仁等补阳药，当归、熟地黄、白芍等补血药，以及百合、麦冬、枸杞子、玉竹等补阴药。

药膳推荐

当归羊肉

材料：

当归6克，羊肉500克，大枣10枚，生姜适量。

做法：

羊肉洗净，加少量油煸炒，加啤酒250ml左右。生姜、当归、大枣一同放入锅中，加调味料煮烂即可。

核桃炒虾仁

材料：

虾仁250克、核桃仁50克，枸杞子20克。

做法：

核桃仁加少许油煸熟，枸杞子温水浸泡20分钟。虾仁用少许料酒、淀粉拌匀。虾仁、枸杞子与核桃仁一起加入锅中翻炒5分钟，调味即可。

瞿麦

Contents | 目录

第一章 疏肝理气篇

第二章 健脾益胃篇

菠萝
解暑止渴 · 消食止泻

便秘

慢性胃炎

第三章 润肺止咳篇

肺阴虚

樱桃
补中益气·祛风除湿

咳嗽

气喘

慢性支气管炎

第四章 滋补养肾篇

肾阴虚

川贝母
清热润肺 · 化痰止咳

龙虾
化痰止咳 · 延缓衰老

第五章 补血护心篇

枸杞
益气安神 · 滋阴补肾

第六章 美容养颜篇

保湿润肤

祛皱除纹

祛斑祛痘

乌发生发

当归
补血活血 · 调经止痛

第七章 女性护理篇

经期护理

调经补血

更年期饮食

第八章 清热排毒篇

山楂
消积化滞 · 活血化淤

第九章 体质调理篇

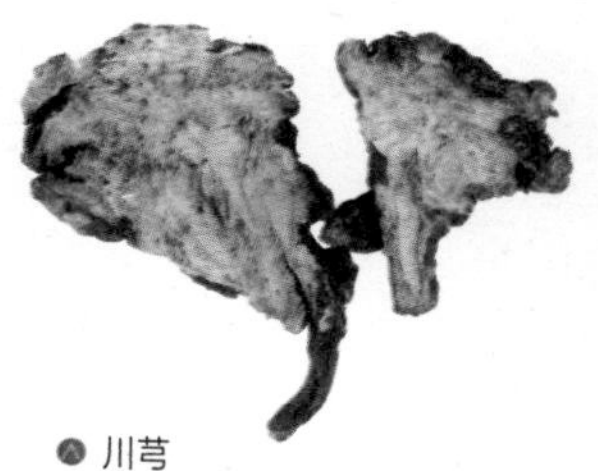

川芎
活血行气 · 祛风止痛

免疫力低下

血虚体质

桂圆
壮阳益气 · 补益心脾

淤血体质

阴虚体质

痰湿体质

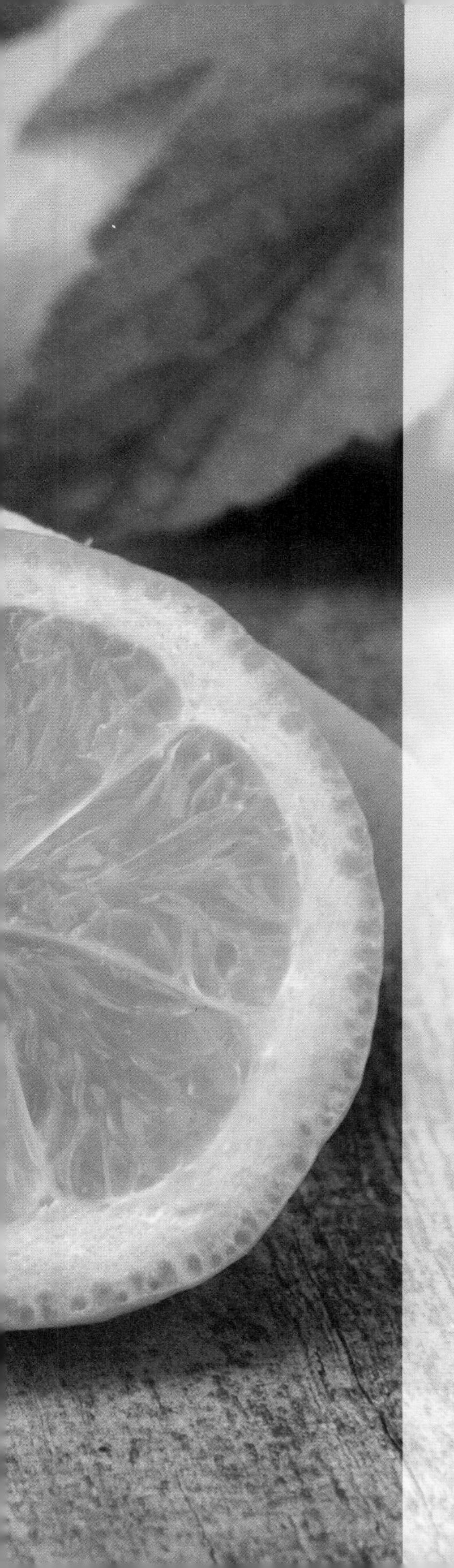

第一章

疏肝理气篇

中医认为，肝属木而性喜条达，主疏泄，为藏血之脏。若情志不畅，肝木失于条达，肝体失于柔和，以致肝气横逆、郁结，呈现种种病变。疏肝理气，即疏散肝气郁结，调理肝脏气机，恢复肝脏功能。本章针对肝气郁结导致的疼痛、乳汁不通、胸部发育不良、失眠多梦、焦虑烦躁、脂肪肝等多种病症，提供营养而美味食疗养生药膳。多吃，常吃，并保持良好的生活习惯，就能调理肝脏功能，保持身体健康。

特效药材推荐

薄荷

「功效」疏风散热，疏肝行气。
「挑选」以叶多而肥厚、色绿、香气浓者为佳。
「禁忌」体虚多汗者忌服。

佛手

「功效」疏肝解郁，理气和中。
「挑选」干佛手以质硬而脆、干燥者为佳。
「禁忌」阴血不足者不宜。

香附

「功效」疏肝解郁，调经止痛，理气调中。
「挑选」香附以个大、色棕褐、质坚实、香气浓郁者为佳。
「禁忌」凡气虚无滞、阴虚血热者忌服。

香橼

「功效」疏肝止痛，行气宽中。
「挑选」香橼以个大、皮粗、色黑绿、香气浓者为佳。
「禁忌」无腹胀者慎服。

陈皮

「功效」理气健脾，燥湿化痰。
「挑选」外表面红棕色，内表面浅黄白色，质稍硬而脆，有香气。
「禁忌」阴虚燥咳者慎服。

柴胡

「功效」解表退热，疏肝解气。
「挑选」选购柴胡时，以根条粗长、皮细、支根少者为佳。
「禁忌」阴虚阳亢、阴虚火旺者忌服或慎用。

檀香

「功效」行气止痛，散寒调中。
「挑选」表檀香以色黄，质坚而致密、油性大、香味浓厚者为佳。
「禁忌」阴虚火旺、实热吐衄者慎用。

玫瑰花

「功效」疏肝解郁，活血止痛。
「挑选」玫瑰花花蕾完整，香味浓郁者为佳。
「禁忌」月经量过多者忌服。

特效食材推荐

香菜

「功效」消食开胃，止痛解毒。
「挑选」枝叶茂盛、颜色鲜绿、气味芳香、带根者佳。
「禁忌」胃溃疡、生口疮的人少食。

杨桃

「功效」促进消化，滋养皮肤。
「挑选」皮呈蜡质，光滑鲜艳，肉厚汁多，果味清甜，有蜜味者佳。
「禁忌」脾胃虚寒或腹泻患者宜少食。

柠檬

「功效」化痰止咳，生津健脾。
「挑选」色泽鲜艳，没有疤痕的，皮较薄，捏起来比较厚实者佳。
「禁忌」龋齿者或糖尿病患者慎食。

生姜

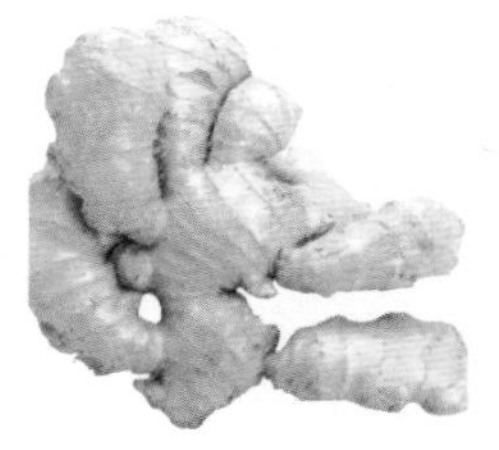

「功效」解毒除臭，温中止呕。
「挑选」颜色淡黄的，而且肉质坚挺，不酥软，姜芽鲜嫩者佳。
「禁忌」有内热者应忌食。

木瓜

「功效」消食驱虫，清热祛风。
「挑选」长圆形，熟时橙黄色；果肉厚，黄色者佳。
「禁忌」孕妇和过敏体质者慎食。

理气止痛

疼痛是身体发出的警示信号，说明身体某个部位出问题了。疼痛可由疾病或气滞血淤引起，理气活血就能有效缓解疼痛。

对症药材		对症食材	
① 天花粉	④ 知母	① 山楂	④ 芦笋
② 山药	⑤ 土茯苓	② 豆腐	⑤ 洋葱
③ 桑寄生	⑥ 杜仲	③ 杨梅	⑥ 金橘

杜仲

芦笋

健康诊所

病因探究 神经性头痛、偏头痛，可以由精神紧张、休息不足或中医上所讲的气滞淤血引起。有18%的人都有过头痛病情。关节疼痛主要由关节炎、受寒湿或者长期疲劳、肌肉损伤等引起。

症状剖析 痛可以是单侧或双侧痛，或者跳痛、针刺痛等，有的伴有眼睛肿胀疼痛，严重者会出现脸色苍白、恶心反胃。关节痛会出现红肿热痛的炎症反应，活动会受限。肌肉劳损会引发关节周围肌肉疲劳无力、酸胀疼痛等。

本草药典

土茯苓

性味 甘、淡，平。
挑选 外表红褐色，内微红者佳。
禁忌 肝肾阴虚者慎服。

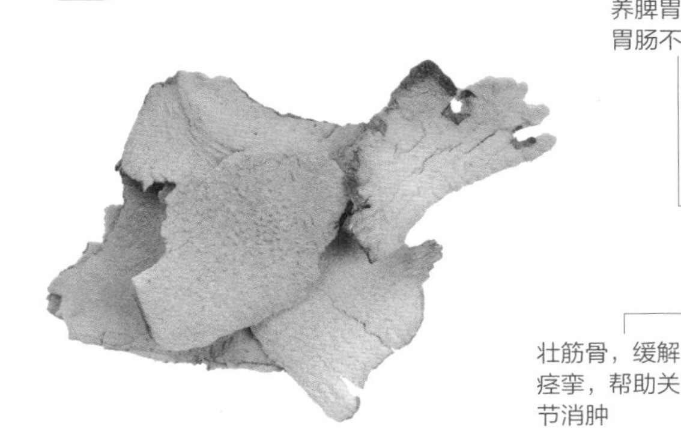

功效

- 解毒除湿，治疗头痛
- 养脾胃，解除胃肠不适症状
- 收敛止泻，治疗腹泻效果良好
- 壮筋骨，缓解痉挛，帮助关节消肿

饮食宜忌

宜

- 注意增加钙的摄取，必要时可以服用药物或保健品等。
- 多食含硫的食物，如芦笋、鸡蛋、大蒜、洋葱等。硫参与骨骼、软骨和结缔组织的修补与重建，同时帮助钙的吸收。
- 多食稻米、小麦和黑麦等食物，平时应多喝牛奶、豆浆，多食瘦肉。

保健小提示

- 首先要注意保暖，尤其是春秋季节，气温变化大时，要根据气温的升降而增减衣服。适当运动，但应避免出汗后着凉。尤其要保护腕、肘、肩、膝等处，避免淋浴或洗冷水澡。

舒筋止痛+养胃抗癌

香菇旗鱼汤

材料：

【药材】天花粉15克、知母10克。

【食材】旗鱼肉片150克、香菇150克、西兰花75克、清水500毫升。

做法：

1. 全部药材放入事先备好的棉布袋，全部材料洗净，西兰花剥成小朵备用。
2. 清水倒入锅中，放入棉布袋和全部材料煮沸。
3. 取出棉布袋，放入嫩姜丝和盐调味即可食用。

药膳功效

此菜品有舒筋止痛、养胃抗癌等疗效，可治疗腰腿疼痛、手足麻木、筋络不舒服等症状。

本草详解

知母味苦甘、性寒。通小肠，消痰止嗽，润心肺，补虚乏，安心止惊悸。有润肠作用，故脾虚便溏者不宜用。品质好的表面呈黄棕色至棕色，质硬，但易折断，断面呈黄白色。味微甜、略苦，嚼之带黏性。

虫草瘦肉粥

材料：

【药材】冬虫夏草9g。

【食材】瘦肉50克、白米100克、盐适量。

做法：

1. 先将瘦肉用清水洗净，汆烫去除血水，然后切成小方丁备用。
2. 冬虫夏草用清水洗净，并用网状纱布包好。
3. 将白米用清水淘洗干净，然后放入装着冬虫夏草的纱布包一同煮。
4. 煮至7分熟后，再放入切好的瘦肉，煮熟后将药材包取出加入盐调味即可。

药膳功效

本药膳可以增强体质，对于病后体弱、头晕、食欲减退、盗汗、贫血等症状有明显疗效。冬虫夏草对提高机体免疫力有神奇的疗效，还可用于治疗阳痿、腰酸、遗精等病症。

杜仲寄生鸡汤

材料：

【药材】炒杜仲50克、桑寄生25克。

【食材】鸡腿1只、盐1小匙。

做法：

1. 将鸡腿剁成块，洗净，在沸水中氽烫，去除血水，备用。
2. 将炒杜仲、桑寄生与鸡腿一起放入锅中，加水至盖过所有材料。
3. 用大火煮沸，然后转为小火续煮25分钟左右，快要熟时，加盐调味即可。

药膳功效

此汤适用于肾虚乏力，腰腿酸痛、耳鸣心悸、头痛眩晕的患者。杜仲可以补肝肾、强筋骨，对于改善肾虚腰痛、筋骨无力、高血压等症状效果显著。

本草详解

杜仲有镇静、镇痛和利尿作用；能增强机体免疫功能；有一定的强心作用；能减弱子宫的自主收缩；有较好的降压作用，能减少人体吸收胆固醇。以炒杜仲的煎剂最好。

山药土茯苓煲瘦肉

材料：

【药材】山药30克、土茯苓20克。

【食材】猪瘦肉450克、盐5克。

做法：

1. 山药、土茯苓洗净，沥干水分，备用。
2. 先将猪瘦肉氽烫，去除血水，再切成小块，备用。
3. 将适量清水放入砂锅内，加入全部材料，待大火煮沸后，改用小火煲3个小时，直到药材的药性全都浸入汤汁中，然后加盐调味起锅。

药膳功效

本药膳具有清热解毒、除湿通络等功效，适用于治疗湿热疮毒、筋骨拘挛疼痛等症状。山药、土茯苓和肉块放入砂锅中煲时，一定要用冷水加热，这样原材料中的营养才会尽可能地释放到汤汁中。

通乳丰胸

乳房主要由结缔组织和脂肪组织构成。如果气滞血淤就会引起泌乳不畅、乳房胀痛、乳腺增生等诸多问题。

对症药材		对症食材	
❶ 木瓜	❹ 通草	❶ 花生	❹ 牛奶
❷ 枸杞子	❺ 大枣	❷ 丝瓜	❺ 草虾
❸ 王不留行	❻ 杏仁	❸ 猪蹄	❻ 木瓜

木瓜

花生

健康诊所

病因探究 乳汁分泌不畅的原因有：乳头过小或内陷，妨碍哺乳，婴儿吸乳时困难；乳腺炎症、肿瘤及外在压迫，导致乳腺管堵塞；或因产后情绪不稳定、焦虑紧张，引起内分泌紊乱，不能正常产生乳汁。

症状剖析 乳汁分泌不畅时，可能会引起靠两腋窝附近隆起，且乳房整体肿胀疼痛。乳汁长时间无法排出，会引起炎症，如低热、淋巴结肿大等，严重影响产妇的健康。

本草药典

通草

性味 味甘、淡，性微寒。
挑选 表面白色，质松软，断面银白色者佳。
禁忌 孕妇慎用。

功效

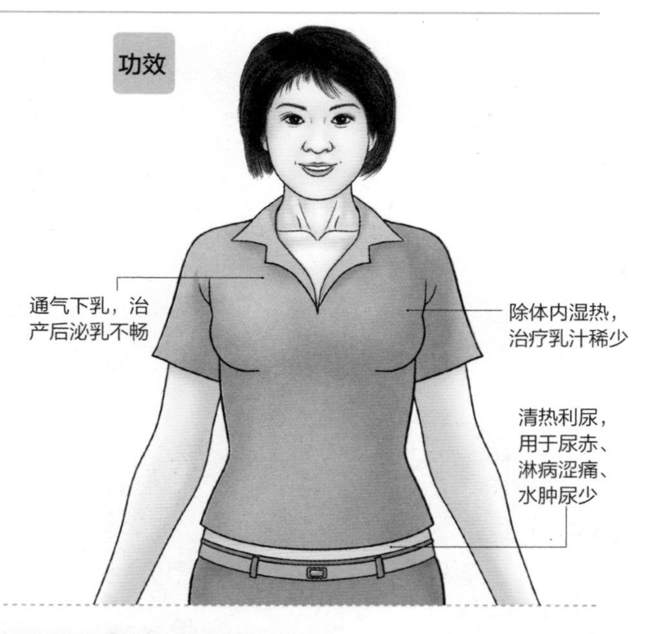

饮食宜忌

宜

- 可以多吃一些富含胶原蛋白的食物，如猪蹄、鸡爪之类的食品。
- 平时食用木瓜，在月经来潮前食用酒酿，促进胸部发育。
- 多食用含蛋白质丰富的食物，补充钙质、铁和维生素E、维生素B_1。
- 忌服小麦麸、大麦芽、内金、神曲等，否则会减少乳汁分泌。

保健小提示

- 当乳汁分泌不畅时，可以进行局部的热敷；按摩乳房和乳头，每次五分钟左右。还可以选择按摩乳根穴，在乳头正下方的乳房根部，能消除乳房肿痛和乳腺增生。

木瓜炖银耳

材料：

【药材】银耳100克，杏仁5克。

【食材】木瓜1个，白糖2克。

做法：

1. 先将木瓜洗净，去皮切块；银耳洗净，泡发；杏仁洗净，泡发。
2. 炖盅中放水，将木瓜、银耳、杏仁一起放入炖盅，先以大火煮沸，转入小火炖制1～2小时。
3. 炖盅中调入白糖，拌匀即可。

药膳功效

此汤中银耳含有的胶质具有清胃、涤肠的作用。木瓜富含胡萝卜素，是一种天然的抗氧化剂，能有效对抗全身细胞的氧化。两者结合食用，具有强精补肾、润肺止咳、生津降火、润肠、养肾补气、和血强心、健脑提神等功效。常吃还能美容护肤、延缓衰老。

本草详解

药用木瓜产于安徽宣城，也称“宣木瓜”，主要用以祛湿痹，舒筋活络。而我们平时食用的木瓜也叫“番木瓜”，生吃能缓解咽喉不适，对感冒咳痰、便秘、慢性气管炎等有效；蒸熟后加蜜糖，可治肺燥咳嗽。

猪蹄煮花生

材料：

【药材】大枣8颗。

【食材】猪蹄300克，花生仁200克，酱油2大匙，盐1小匙。

做法：

1. 猪蹄洗净、汆烫捞出；花生洗净，汆烫去涩。
2. 花生先入锅，加大枣、酱油、盐，并加水直至盖满材料，再以大火煮开，转小火慢煮30分钟。
3. 加猪蹄续煮30分钟。

药膳功效

花生具有补血健脾、润肺化痰、止血增乳、润肠通便的功效。本药膳把花生与补血通乳的猪蹄共煮，可养血生精、通络增乳，特别适用于妇女产后血虚体弱、产后少乳，或体虚、贫血者食用。

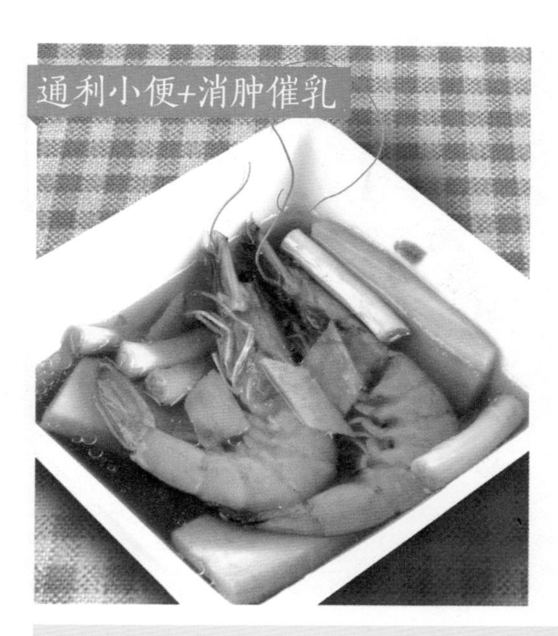

通草丝瓜草虾汤

材料：

【药材】通草6克。

【食材】草虾2只，丝瓜10克，香油、葱段、蒜、盐各适量。

做法：

1. 将通草、丝瓜、草虾洗干净，入锅加水煮汤。
2. 同时下葱段、蒜、盐，用中火煮至将熟时，放入香油，煮开即可。

食材百科

丝瓜有凉血解热毒、活血脉、祛痰、除热利肠和下乳汁等妙用。女性月经不调也可吃丝瓜来改善。丝瓜藤可用来治疗肺炎、急慢性气管炎及发烧。丝瓜不宜生吃，可烹食、煎汤服，或捣汁涂敷。丝瓜汁水丰富，宜现切现做，避免营养成分流失。

牛奶炖花生

材料：

【药材】枸杞子20克，银耳10克，大枣2颗。

【食材】花生100克，牛奶1500毫升，冰糖适量。

做法：

1. 将银耳、枸杞、花生洗净。
2. 砂锅上火，放入牛奶，加入银耳、枸杞子、大枣、花生和冰糖同煮，花生煮烂即成。

食材百科

花生营养丰富，蛋白质和脂肪含量很高，还含有丰富的维生素、钙和铁等。花生的叶子、花生红衣、壳、花生油等皆可药用，适用于营养不良、脾胃失调、咳嗽痰喘、乳汁缺少等症。还有促进脑细胞发育，增强记忆的功能。不过发霉的花生有剧毒，切不可食用。

失眠多梦

失眠，通俗地说就是睡不着，超过一月以上的睡眠障碍才能称为失眠。虽然不是严重的疾病，但对人身体和精神健康的影响却很大。

对症药材		对症食材	
①川楝子	④茯苓	①猪心	④香蕉
②灵芝	⑤龙胆	②蜂蜜	⑤燕麦
③陈皮	⑥酸枣仁	③大枣	⑥莴笋

陈皮

香蕉

健康诊所

病因探究 失眠可由很多原因引起。比如由于睡眠环境的突然改变而不适应，睡前饮茶、喝咖啡、吸烟等不良生活习惯，或者心脏病、关节炎、肠胃病、高血压等身体疾病都可导致失眠。过量饮用茶、咖啡、可乐类饮料也会引起失眠。

症状剖析 失眠是指入睡所需时间超过30分钟；夜间常常醒来或早醒；总的睡眠时间少于6小时。夜晚常常做梦，醒来后能记住梦的内容。失眠会引起疲劳感、不安、全身不适而使人无精打采、反应迟缓、头痛、注意力不集中。

本草药典

酸枣仁

性味 味甘、酸，性平。

挑选 表皮较脆，浅黄色，富油性，气微，味淡者佳。

禁忌 实邪郁火及患有滑泄症状者慎服。

功效

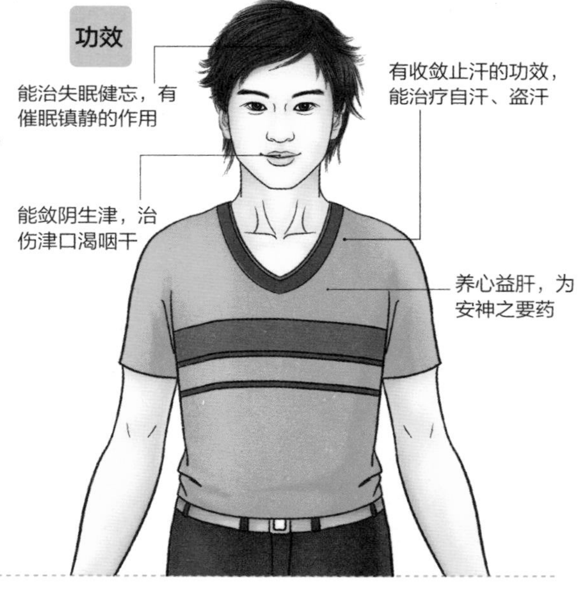

饮食宜忌

宜

- 喝参汤或服用洋参丸以及含人参的食疗菜肴宜在上午进行。
- 忌食辛辣、刺激等食物，少吃油炸、油煎等油腻食品。
- 晚饭不宜吃得过饱，以免影响胃肠功能，导致失眠。
- 临睡前不宜饮浓茶、咖啡及其他兴奋性饮料。

保健小提示

- 睡前用热水泡脚能改善失眠，或者用手掌快速连搓脚底的涌泉穴，直到脚底发热，换另一侧按摩。还可做全身按摩，从搓双耳、挠头皮、叩齿做起，然后双手交替按摩胸、腹部，各100次。

酸枣仁白米粥

材料：

【药材】酸枣仁20克，大枣5颗。

【食材】大米100克，清水750毫升。

做法：

❶ 将酸枣仁洗净，装入小棉布袋内；大枣洗净，泡发。

❷ 大米洗净，连同布袋装酸枣仁、大枣一起放入锅中，加入清水。

❸ 用大火煮开，转小火续煮半个小时左右，待到大米烂熟即可。

药膳功效

本药膳养心益肝、安眠助眠的作用非常显著，可治疗失眠、多梦、健忘、头晕眼花等症状。酸枣仁是有名的助眠中药材，可安神、敛汗、生津。

食材百科

中医认为，大米具有补中益气、健脾养胃、益精强志、和五脏、通血脉、聪耳明目、止烦、止渴、止泻等功效，为“五谷之首”。经常喝点大米粥也能帮助津液的生发，因肺阴亏虚所致的咳嗽、便秘患者可早晚用大米煮粥服用。

当归炖猪心

材料：

【药材】党参20克,当归15克。

【食材】新鲜猪心1个，葱、姜、蒜、盐、料酒各适量。

做法：

❶ 将猪心剖开，洗净，将猪心里的血水、血块去除干净。

❷ 将党参、当归洗净，再一起放入猪心内，可用竹签固定。

❸ 在猪心上再铺上葱、姜、蒜、料酒，再将猪心放入锅中，隔水炖熟，除去药渣，再加盐调味即可。

药膳功效

本药膳具有安神定惊、养心补血的功效，可用于治疗心虚失眠、惊悸、自汗、精神恍惚等症。猪心是补益食品，常用于心神异常的疾病，即使多炖数次，也有功效。党参能补气健脾，还可调理四肢困倦、短气乏力、食欲不振、大便溏软等症。

灵芝炖猪尾

材料：

【药材】灵芝5克，陈皮3克。

【食材】猪尾1条，鸡200克，猪瘦肉50克，鸡汤1000毫升，生姜、葱、料酒、白糖、食盐各适量。

做法：

1. 将猪尾洗净剁成段；猪瘦肉切成块；鸡切块；灵芝洗净切成细丝。
2. 锅中加水，放入猪尾段、猪肉、鸡块汆烫去除血水。
3. 将鸡汤倒入锅内，煮沸后加入猪尾、瘦肉、鸡块、灵芝、陈皮及生姜、葱、料酒，炖熟后加调味料即可。

药膳功效

本药膳具有补气养心、安神、安眠和美颜等功效，适宜中年妇女长期食用。猪尾能补肝肾，强腰膝，其胶质丰富，含钙较多，常服可治产后妇女的腰酸背痛及风湿腰痛。

本草详解

灵芝又称“神芝”，能镇静安神，对神经衰弱、失眠效果很好。灵芝可单用研末，温水送服，或与当归、白芍、酸枣仁、柏子仁、龙眼肉等同用，效果更佳。品质好的灵芝菌盖近圆形，皮壳坚硬，红褐色或者紫黑色，有光泽，有环状或辐射棱纹，菌肉白色至淡棕色。

荞麦桂圆大枣粥

材料：

【药材】桂圆50克、大枣30克。

【食材】荞麦100克，白糖30克。

做法：

❶ 荞麦洗净，泡发；桂圆去壳备用；大枣洗净，盛碗泡发。

❷ 将砂锅洗净，锅中放水烧开，放入荞麦、桂圆、大枣，先用大火煮开，转小火煲40分钟。

❸ 起锅前调入白糖，也可用砂糖替代，搅拌均匀即可食用。

药膳功效

本药膳可用于心脾虚损、气血不足所致的失眠、健忘、惊悸、眩晕等症。特别对于耗伤心脾气血的人，更为有效。

本草详解

荞麦俗称“净肠草”，能降低血脂、软化血管、保护视力、抗血栓、降血糖，还具有抗菌、消炎、止咳平喘、祛痰的作用。荞麦还可以做成扒糕或面条，佐以麻酱或羊肉汤。但多吃会消化不良，不宜脾胃虚寒的人食用。

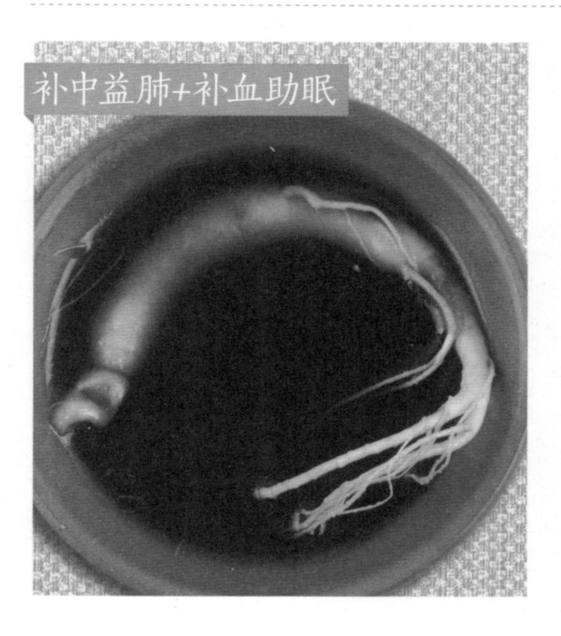

党参桂圆膏

材料：

【药材】党参250克，沙参125克。

【食材】桂圆肉120克，蜂蜜适量。

做法：

❶ 以适量水浸泡党参、沙参、桂圆肉，然后加热、熬熟。

❷ 每20分钟取煎液一次，加水再煮，共取煎液3次，最后需合并煎液，再以小火煎熬至浓缩。

❸ 至黏稠如膏时，加蜂蜜煮沸，停火待冷却装瓶，平时服用。

药膳功效

本药膳可以滋补强体、补心安神、养血壮阳、益脾开胃。其中桂圆可以治疗神经衰弱、更年期女性失眠健忘、心烦出汗等症状；党参可以治虚劳内伤、肠胃中冷、滑泻久痢、气喘烦渴、发热自汗等症状。

焦虑烦躁

焦虑是对某些情境或事情产生的一种担忧、紧张、不安、恐惧、不愉快的综合情绪体验。

对症药材

① 百合 ② 柏子仁 ③ 酸枣仁 ④ 茯苓 ⑤ 山药 ⑥ 丹参

百合

对症食材

① 薏仁 ② 松子 ③ 猪心 ④ 莲藕 ⑤ 金针菜 ⑥ 大枣

莲藕

健康诊所

病因探究 产生焦虑症的主要原因有：生理方面的原因，比如遗传或疾病的影响；心理因素，比如心理素质、社会认知能力等；社会因素，如居住空间拥挤、工作压力过大等都会导致焦虑烦躁。

症状剖析 表现为坐立不安、忧心忡忡，常伴有头疼、头昏、心慌气短、易出汗、口干、尿频等躯体不适。若长期处于焦虑、紧张、愤闷不平的状态，会引发高血压 、冠心病、支气管哮喘、胃溃疡等疾病。

本草药典

柏子仁

性味 味甘，性平。

挑选 灰褐色或紫褐色，无翅或有棱脊，种脐大而明显者佳。

禁忌 便溏及多痰者慎用。

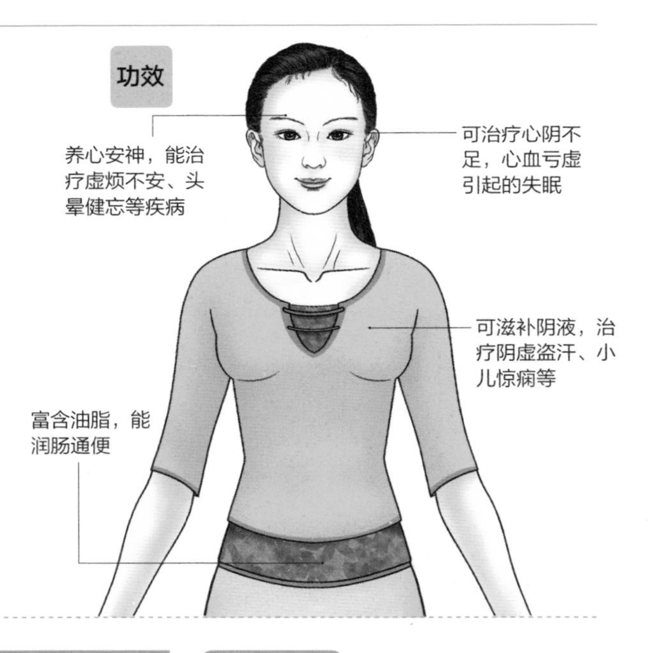

饮食宜忌

宜

- 增加饮食中蔬菜的比例，最好达到50%以上。尤其是绿叶蔬菜能刺激大脑产生快乐感。
- 多吃鱼和坚果，其中的脂肪酸有助于缓解焦虑和沮丧情绪，鲑鱼、亚麻籽油、坚果和鸡蛋都是很好的选择。
- 避免咖啡、可乐等兴奋性的饮料，远离糖、白面粉制品、腌肉以及辛辣刺激的调味料。

保健小提示

- 好好休息是赶走焦虑的一个好办法；还要多做运动，运动时，人的身体里会产生使人精神放松和愉悦的物质，能让人变得乐观起来；还可以听听节奏舒缓的音乐、泡泡热水澡、按摩太阳穴等。

党参茯苓粥

材料：

【药材】白术、党参、茯苓各9g，甘草3g，大枣适量。

【食材】薏仁（或胚芽米）适量。

做法：

1. 将大枣、薏仁洗净；大枣去核，备用。
2. 将白术、党参、茯苓、甘草用清水洗净，加入4碗水煮沸后，再转以慢火煎成2碗，滤取出药汁。
3. 在煮好的药汁中加入薏仁或胚芽米、大枣，以大火烧开，再转入小火熬煮成粥，加入适量调味料拌匀即可。

药膳功效

本药膳可益气、和胃、生津，治疗脾胃虚弱、气血两亏，适用于消瘦、食欲不振、病后身体虚弱等症。茯苓性味甘淡平，具有渗湿利水、健脾和胃、宁心安神的功效。

四仙莲藕汤

材料：

【药材】百合、茯苓、山药各12克，大枣3颗。

【食材】莲藕片100克，冰糖2大匙。

做法：

1. 将所有的材料用清水洗净，大枣泡发。
2. 砂锅洗净置于火上，加入所有药材，以大火煮开，再转入小火，滤取药汁。加适量的水烧开，倒入药汁和莲藕片，以中火煮30分钟，直到藕片变软。
3. 待所有的材料煮软后，加入冰糖，再煮大约15分钟，用勺子拌匀即可。

药膳功效

本药膳中的茯苓、山药、莲藕均具有益脾安神、益胃健脾、养血补益的功效。此外，莲藕有一定健脾止泻作用，能增进食欲、促进消化、开胃健中，有益于胃纳不佳、食欲不振者恢复健康。

莲子茯神猪心汤

材料：

【药材】莲子200克，茯神25克。

【食材】猪心1个，葱2株，盐2小匙。

做法：

1. 猪心汆烫去除血水，捞起，再放入清水中处理干净。
2. 莲子（去心）、茯神冲净，入锅，然后加4碗水熬汤，以大火煮开后，转小火约煮20分钟。
3. 猪心切片，放入熬好的汤中，煮滚后加葱段、盐即可起锅。

药膳功效

猪心含有蛋白质、脂肪及多种维生素、矿物质，能维护神经系统、消化功能，对预防抑郁症、治疗神经衰弱有一定效果。加上莲子和茯神都具有宁心安神、稳定情绪的作用，故此汤是养心安神的佳品。

本草详解

茯神是茯苓制成的中药，是茯苓抱松根生长的部分。茯神以开心益智、安心养神的功效为主，用于治疗失眠、健忘、心虚惊悸、小便不利等。相比较而言，茯苓更侧重于利水消肿，而茯神的安神效果更好。

金针木耳肉片

材料：

【药材】黑木耳1朵。

【食材】金针菜100克、猪肉片200克，青江菜1根，盐2小匙。

做法：

1. 金针菜去硬梗打结，以清水泡软，捞起，沥干。
2. 黑木耳洗净，泡发至软，切粗丝；青江菜洗净切段。
3. 煮锅中加1碗水煮沸后，放入金针菜、黑木耳、肉片，待肉片将熟，再加入青江菜，加盐调味，待水再沸腾一次即成。

药膳功效

黑木耳中的维生素K，可以预防血栓的发生，防治动脉粥样硬化和冠心病；还含有抗癌活性物质，经常食用能增强机体免疫力。不过，黑木耳不宜与田螺同吃，痔疮患者不能与野鸡一起食用，否则易诱发痔疮出血。

鸡丝炒百合金针

材料：

【药材】新鲜百合1粒。

【食材】新鲜金针花200克，鸡胸肉200克，盐1小匙，黑胡椒粉少许。

做法：

1. 鸡胸肉洗净，去除血水，切丝备用。百合剥瓣，处理干净，去除老边和芯。
2. 金针菜去除蒂洗净，放入开水中烫一下，捞起备用。
3. 油锅加热，陆续下鸡丝、金针菜、百合、调味料、适量水一起翻炒，炒至百合呈半透明状即可。

药膳功效

这道菜可以增强机体抵抗力，改善精神紧张、焦虑的症状，还能够维护神经系统和脑机能的正常运作，减轻偏头痛。

本草详解

黑胡椒可治疗便秘、腹泻、消化不良、恶心反胃、脘腹冷痛、失眠、关节痛、口臭等。胃寒胃痛时，取黑胡椒10粒、大枣3颗、甜杏仁5个，研碎，温开水送服，每日1次，疗效很好。

脂肪肝

肝脏是人体重要的消化和代谢器官，能够分泌胆汁，代谢脂肪和糖类等物质。饮酒、饮食不节制等会导致脂肪肝、酒精肝等疾病。

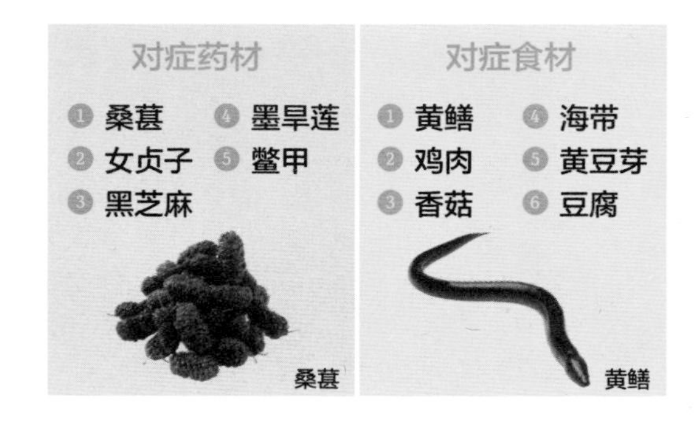

健康诊所

病因探究 正常情况下，肝脏内脂肪占肝脏重量的5%，如果超过5%就是脂肪肝。已知肥胖、过量饮酒、糖尿病是脂肪肝的三大主要病因。此外，高脂饮食、慢性肝病、蛋白质缺乏、妊娠也可能引起脂肪肝。

症状剖析 大多数轻度脂肪肝患者没有明显症状，仅有轻微的疲倦感，而中度或者重度脂肪肝患者会出现疲倦乏力、食欲不振、恶心、呕吐、体重减轻、肝区或右上腹隐痛等。

本草药典

黑芝麻

性味 味甘，性平。

挑选 良质黑芝麻的色泽鲜亮、纯净；外观白色，大而饱满，皮薄，嘴尖而小。

禁忌 忌过食，否则易上火生疮。

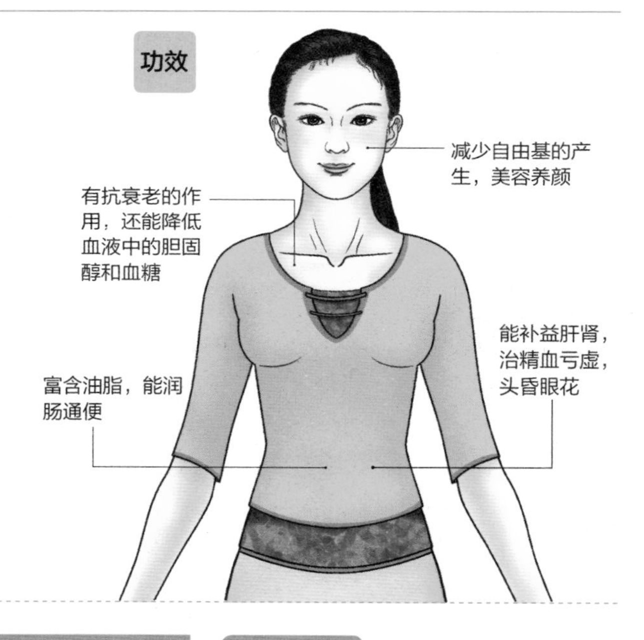

饮食宜忌

宜

- 平时饮食注意清淡，保持低糖和低脂肪。
- 应补充适量蛋白，适宜吃高蛋白质的瘦肉、河鱼、豆制品等。
- 多吃新鲜蔬菜和瓜果等富含膳食纤维的食物，限制热量的摄入。
- 睡前不加餐，晚饭不可吃得过饱。

保健小提示

- 目前许多年轻人患脂肪肝是由盲目减肥引起的。过分的节食会使肝脏代谢压力增加，损伤肝细胞，从而导致脂肪肝。如果一个月体重下降1/10或以上，患上脂肪肝的可能性非常大。

黑芝麻核桃仁粥

材料：

【药材】黑芝麻30克，核桃仁40克。

【食材】大米50克，糯米30克，冰糖适量。

做法：

1. 大米和糯米洗净，用清水浸泡10分钟。
2. 将泡好的大米和糯米一起放入锅中，加适量清水，大火烧开，转小火慢煮。
3. 核桃仁和黑芝麻分别炒香，然后用蒜臼捣碎。
4. 米粥煮黏稠后放入冰糖，待冰糖融化后放入黑芝麻和核桃仁，搅拌均匀后再煮2分钟即可。

药膳功效

黑芝麻核桃粥是一款美味菜谱，属于广州菜系，此药膳可健脑、强肝、补肾气，对白发和老年健忘的预防都有功效；也是美容佳品，具有滋养皮肤的作用。

鱼头豆腐汤

材料：

【药材】枸杞子20克。

【食材】鱼头200克，豆腐200克，鱼尾100克。姜、葱、油、盐、料酒、香菜各适量。

做法：

1. 香菜、葱分别洗净，姜去皮切片，枸杞子冲洗，豆腐一块划二刀成4块。
2. 锅中下油烧热，放下姜片煸香，把鱼头、鱼尾放锅中煎至两边变黄，盛出来。
3. 锅中加水烧开，把煎好的鱼头、鱼尾连姜片一起倒锅中煮开，倒料酒，去掉浮沫。
4. 加入豆腐煮至汤色变浓白。
6. 把香菜、葱折断掉下汤中，加盐调味，撒入枸杞子即可出锅。

药膳功效

豆腐含有动物性食物缺乏的不饱和脂肪酸、卵磷脂等，常吃豆腐可以保护肝脏，促进机体代谢，增加免疫力并且有解毒作用。鱼肉的脂肪含量一般比较低，而且多为不饱和脂肪酸，具有降低胆固醇的作用。

第二章 健脾益胃篇

脾与胃通过经脉相连。中医认为，胃主受纳，脾主运化，两者之间的关系是『脾为胃行其津液』，共同完成食物的消化吸收及其精微的输布，从而滋养全身，故称脾胃为『后天之本』。脾胃状况不佳会严重影响身体健康，易导致消化不良、食欲不振、腹泻、便秘、胃肠炎等消化系统病症。本章将推荐的药膳养生药膳，让读者以『良药可口』健脾益胃，预防和治疗消化系统疾病。

健脾益胃篇

特效药材推荐

山楂

「功效」消食健胃，行气化淤。
「挑选」以果实饱满、色泽深红鲜艳、无虫蛀者为佳。
「禁忌」胃酸分泌过多者慎用。

神曲

【功效】健脾开胃，行散消食。
【挑选】以身干、陈久、无虫蛀、杂质少者为佳。
【禁忌】脾阴不足、胃火盛者慎服。

大枣

「功效」健脾和胃，养血安神。
「挑选」以枣皮色紫红有光泽、颗粒大而均匀、皱纹浅者为佳。
「禁忌」有湿痰、积滞、齿疾、寄生虫病者不慎用。

白扁豆

「功效」健脾暖胃，消暑化湿。
「挑选」以色泽光亮、颜色白中带绿、颗粒饱满者为佳。
「禁忌」腹部胀气者忌食。

白术

【功效】益气健脾，养胃生津，止汗，安胎。
【挑选】以体大、表面灰黄色、断面黄白色、有云头、质坚实者为佳。
【禁忌】热病伤津、阴虚燥渴者忌食。

山药

「功效」补中益气，健脾生血。
「挑选」以直径2～4厘米、表面呈淡黄白色、断面呈粉质者佳。
「禁忌」感冒、温热、肠胃积滞者忌用。

麦芽

【功效】开胃健脾，行气消食，回乳消胀。
【挑选】以色淡黄、有胚芽者为佳。
【禁忌】哺乳期妇女忌食。

鸡内金

「功效」消积化食，益胃止呕。
「挑选」以薄而半透明、质脆、易碎、断面有光泽者佳。
「禁忌」脾虚无积滞者慎用。

特效食材推荐

草莓

「功效」润肺生津，健脾和胃。

「挑选」以色泽鲜亮、颗粒大、香味浓郁、蒂头带有鲜绿叶片者佳。

「禁忌」尿路结石者不宜多食。

香菇

「功效」益智安神，健脾养胃。

「挑选」以香味纯正、伞背呈白色或淡黄色为佳。

「禁忌」皮肤瘙痒症患者忌食。

南瓜

「功效」补中益气，养胃消食。

「挑选」以皮深绿色、果肉深黄色、肉厚、鲜嫩不干燥者佳。

「禁忌」皮肤有疮毒，易风痒，患黄疸、脚气病者不宜多食。

胡萝卜

「功效」益肝明目，健脾和胃。

「挑选」形状直顺，肉质和心柱均呈橘红色，且心柱细者佳。

「禁忌」胡萝卜不能与酒同食。

青椒

「功效」温中散寒，开胃消食。

「挑选」外形饱满、色泽浅绿、有光泽、气味微辣略甜者佳。

「禁忌」阴虚火旺者慎食。

食欲不振

食欲不振，通俗地说就是不想吃东西。中医认为，调理食欲不振，应该从调理脾胃开始，可以多吃一些具有开胃健脾作用的食物和药材。

对症药材		对症食材	
①麦冬	④紫苏	①莲藕	④柠檬
②莲子	⑤黄芪	②排骨	⑤酸梅
③山药	⑥大枣	③猪肚	⑥山楂

莲子

山楂

健康诊所

病因探究 食欲不振是指进食的欲望降低。常见于脾胃虚弱的小孩、老人及工作压力较大的白领，也可由肠胃疾病等身体原因引起。在中医上，食欲不振多与胃部不适有关，比如湿浊犯胃、肝气犯胃、脾胃虚弱、胃阴不足等。

症状剖析 食欲减退表现为对食物的欲望下降，到了就餐时间也不想吃东西，还表现为进食量减小、饥饿感减弱等。生理上出现肠胃蠕动减慢、消化液分泌减少等症状。

本草药典

麦冬

性味 味甘，味苦，性微寒。

挑选 以身干、体肥大、色黄白、半透明、质柔、有香气、嚼之发黏者为佳。

禁忌 脾胃虚寒泄泻、胃有痰饮湿浊及外感风寒咳嗽者均忌服。

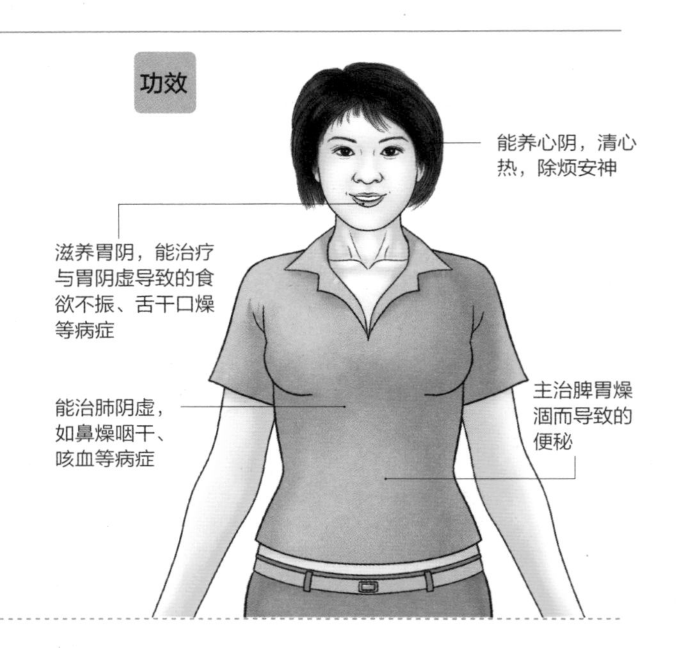

饮食宜忌

宜	可用具有香味、辣味、酸味的食物，来刺激胃液的分泌，增进食欲。
忌	食欲不振，容易反酸烧心的人一定要禁烟、酒、咖啡、茶、生冷、辛辣食物。 少吃含淀粉多的食物，如土豆、芋头、粉丝、粉条、红薯、凉粉等。 改掉吃零食的坏习惯，定时进餐。

保健小提示

- 食欲不振时，可以多做一些运动，让身体消耗一些能量，调动新陈代谢和肠胃蠕动，从而促进食欲。或者选择按摩外膝眼下3寸的足三里穴，对胃肠虚弱、胃肠功能低下、食欲不振有很好的疗效。

双枣莲藕炖排骨

材料：

【药材】大枣、黑枣各10颗。

【食材】莲藕2节（约600克），排骨250克，盐2小匙。

做法：

1. 排骨洗净，在沸水中汆烫一下，去除血水。
2. 将莲藕冲洗一下，削皮，再切成块；大枣、黑枣洗净，去掉核，备用。
3. 将所有的材料放入煮锅中，加适量的清水至盖过所有的材料（约6碗水左右），煮沸后转小火，炖40分钟左右快起锅前加入盐调味即可。

药膳功效

本药膳的主要功效是健胃消食。莲藕具有清热凉血、散淤止泻、健脾生肌、开胃消食等功效，可用于治疗咳嗽、烦躁口渴、脾虚腹泻、食欲不振等症状。

本草详解

黑枣性温味甘，能滋补肝肾、润燥生津，能助消化和排出软便，多用于补血，可治疗贫血、血小板减少、肝炎、乏力、失眠。每次食用5~10颗为宜。好的黑枣皮色乌黑有光泽，颗大均匀，短壮圆整，顶圆蒂方，皮面有皱纹细浅。

四神沙参猪肚汤

材料：

【药材】沙参25克，莲子200克，新鲜山药200克，茯苓100克，芡实100克，薏仁100克。

【食材】猪肚半个，盐2小匙。

做法：

1. 猪肚洗净汆烫，切成大块；芡实、薏仁淘洗干净，清水浸泡1小时后沥干；山药削皮、洗净，切块；莲子、沙参冲净。
2. 将除莲子和山药外的材料放入锅中，煮沸后再转小火炖30分钟。
3. 加入莲子和山药，再续炖30分钟，煮烂熟后加盐调味即可。

药膳功效

本药膳适合脾胃不好的人，常服可以适当地改善体质、增加食欲。猪肚具有补虚损、健脾胃的良好功效，可以补充体力，改善消化功能。

消化不良

当我们的肠胃不能正常工作时，就会出现消化不良，不仅会给身体带来不适，还会影响身体对营养的吸收利用。

对症药材

1. 莲子
2. 莱菔子
3. 神曲
4. 山楂
5. 甘草
6. 鸡内金

甘草

对症食材

1. 酸奶
2. 乌骨鸡
3. 青蛙
4. 话梅
5. 金橘
6. 红茶

金橘

健康诊所

病因探究 消化不良可分为功能性消化不良和器质性消化不良。功能性消化不良属中医的“脘痞”“胃痛”“嘈杂”等范畴，其病在胃，涉及肝、脾等脏器，主要有肝气犯胃、饮食停滞、脾胃虚弱、痰湿阻滞、寒热互结而胃脘痞满。

症状剖析 表现为持续或间隔的上腹部不适、饱胀、反酸、嗳气，甚至疼痛等。常因胸闷、饱腹感、腹胀等而不想吃东西或进食较少，夜晚睡眠也会受到影响，入睡后还常做噩梦。

本草药典

山楂

性味 味酸、甘，性微温。

挑选 酸味浓而纯正，肉质柔糯者佳。

禁忌 消化性溃疡患者和孕妇禁用。

功效

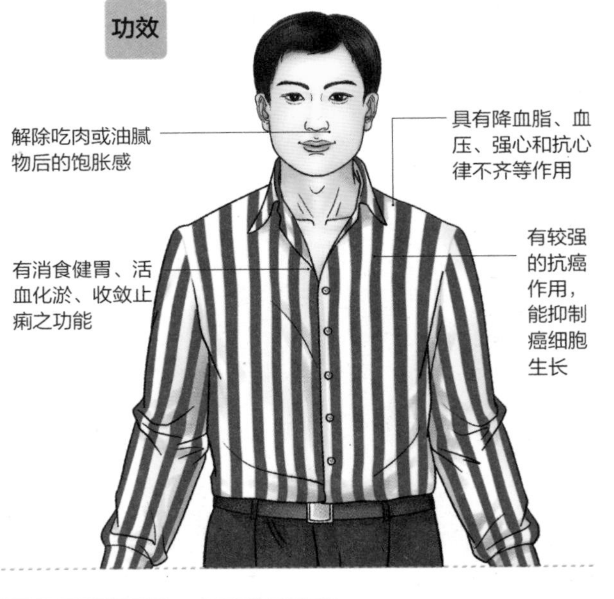

饮食宜忌

宜

- 可适当多吃一些盐，咸一点的食物有助于胃液分泌。
- 宜吃易消化的粥类加点开胃小菜，少食多餐。

忌

- 忌食荤腥、油腻、海味等不易消化的食物，饮食应以清淡为主。
- 少食刺激性的、生冷的食物以及咖啡、巧克力、红薯和酸性食物。

保健小提示

- 常按摩天枢穴和中脘穴、肝俞穴可治疗消化不良。天枢穴在肚脐左右两侧3指宽处；中脘在肚脐中上4寸；肝俞穴在背部第9胸椎棘突下，旁开1.5寸。用拇指按揉，早晚各一次，一次3分钟。

白果莲子乌鸡汤

材料：

【药材】新鲜莲子150克、白果10克。

【食材】乌骨鸡腿1只、盐5克。

做法：

1. 鸡腿洗净、剁块，氽烫后捞起，用清水冲净。
2. 将鸡盛入煮锅加水至盖过材料，以大火煮开转小火煮20分钟。
3. 莲子洗净放入煮锅中续煮15分钟，再加入白果煮开，加盐调味即可。

药膳功效

本药膳可促进消化、清心宁神，能消除疲劳、倦怠和紧张情绪。经常食用消脂效果明显，适宜减肥食用；还可用于治疗带下量多、白浊、尿频或遗尿、肾气虚等症状。

消脂金橘茶

材料：

【药材】山楂6克、决明子9克、大枣15克。

【食材】金橘5颗、话梅2颗、红茶包1包、冰糖适量。

做法：

1. 将决明子、山楂、话梅、大枣、金橘分别洗净备用。
2. 决明子、大枣加水，以大火煮开后，加入山楂、话梅、冰糖后煮15分钟，将所有药材捞起丢弃，放入红茶包稍微泡过拿起。
3. 将切半的金橘挤汁带皮丢入稍浸，捞起丢掉，装壶与茶匙，饭后食用。

药膳功效

本药膳具有消食健胃、行气散淤的功效，可用于治疗胃肠不适、消化不良等症。其中，金橘的药用价值很高，具有补脾健胃、化痰消气、通筋活络、清热祛寒的功效。

食材百科

金橘能理气解郁、化痰止渴、消食、醒酒。饮用金橘汁可生津止渴，加梨汁、萝卜汁同饮能治咳嗽；加吴茱萸水煎服治胃部冷痛；与藿香、生姜同煎，可缓解受寒恶心。

杨桃紫苏梅甜汤

材料：

【药材】麦冬15克、天冬10克。

【食材】杨桃1颗、紫苏梅4颗、紫苏梅汁1大匙、冰糖1大匙。

做法：

1. 全部药材放入棉布袋；杨桃表皮以少量的盐搓洗，切除头尾，再切成片状。
2. 药材与除冰糖和紫苏梅汁外的全部材料放入锅中，以小火煮沸，加入冰糖搅拌溶化。
3. 取出药材，加入紫苏梅汁拌匀，降温后即可食用。

药膳功效

本药膳具有生津、润心肺、助消化的功效。紫苏梅具有下气消痰、润肺、宽肠的功效。杨桃中糖类、果酸含量丰富，有助消化、滋养、保健的功能，还可以解渴消暑、润喉顺气。

食材百科

杨桃分为酸杨桃和甜杨桃两大类。甜杨桃只要清洗干净，用刀削掉菱角的顶端，切成五星形薄片，就可以食用了。不过，鲜果性稍寒，吃多了会引起胃痛和腹泻，而且食用时也不可冰镇。

本草详解

天冬能养阴清热、润燥生津，内服可治疗支气管炎、百日咳、口燥咽痛、糖尿病、大便燥结；外用可治蛇咬伤、疮疡肿毒。表面呈黄白色或浅黄棕色，肥满致密，呈半透明状的质量好。

清心莲子青蛙汤

材料：

【药材】人参、黄芪、茯苓、柴胡各10克，生姜、地骨皮、麦门冬、车前子、甘草各5克。

【食材】青蛙3只，鲜莲子150克。

做法：

1. 将莲子淘洗干净，所有药材放入棉布袋中扎紧；将莲子和棉布袋都放入锅中，加6碗水以大火煮开，再转小火熬煮约30分钟。
2. 将青蛙用清水冲洗干净，剁成块，放入汤中一起煮沸。
3. 捞出装材料的棉布包，加盐调味即可。

药膳功效

此汤选用健脾而且易于消化吸收的田鸡肉为主，可以补益脾胃、增进食欲。莲子补益而不燥，可以健脾胃、止泻。生姜则能够和胃调中，与青蛙一起煮汤食用可健脾开胃，帮助消化。

草莓小虾球

材料：

【药材】芍药10克、当归5克。

【食材】草莓3个、虾仁300克、鲜山药50克、土司3片、莲藕粉1小勺、水1大勺、米酒1小匙。

做法：

1. 芍药、当归洗净，加水煮滚，适时取汁备用；土司切小丁；草莓去蒂洗净，切4片。
2. 虾仁洗净和米酒同腌20分钟，拭干，同山药一同剁碎，加调味料，拍打成泥。
3. 用虾泥、土司丁包裹草莓，炸至金黄色起锅备用，最后用药汁与莲藕粉调制好的浆汁勾芡即可。

食材百科

草莓清暑解热、生津止渴、利咽止咳、利尿止泻，可治疗咳嗽、咽喉肿痛、声音嘶哑、烦热口干等。但腹泻和尿路结石患者不宜多食。草莓表面粗糙，可用淡盐水浸泡10分钟，既能杀菌又能将草莓清洗干净。

腹泻

腹泻是指排便次数增加，粪便中水分较多，可由饮食不当或肠道感染等引起，会导致身体失水和离子失衡。

对症药材		对症食材	
① 芡实	④ 莲子	① 鳝鱼	④ 蘑菇
② 荷叶	⑤ 吴茱萸	② 鸡腿	⑤ 姜
③ 菟丝子	⑥ 车前草	③ 紫米	⑥ 猪肚

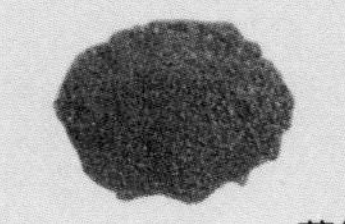

菟丝子

蘑菇

健康诊所

病因探究 中医认为，“泄泻之本，无不由于脾胃”。此病多因感受外邪，如湿热、暑湿、寒湿之邪；情志所伤，忧思郁怒导致肝失疏泄，横逆犯脾而成泄泻；饮食不节，过食肥甘厚味，或进食不洁腐败之物。

症状剖析 排便次数明显超过正常的频率，而且粪质稀薄，粪便中水分增加，或有未消化食物甚至是脓血、黏液。如果是炎症性腹泻还会伴有腹痛、呕吐、排气等症状，严重者会有发热、出汗、乏力等症状。

本草药典

芡实

性味 味甘涩，性平，无毒。

挑选 颗粒饱满、无异味者佳。

禁忌 便秘、消化不良者忌用。

功效

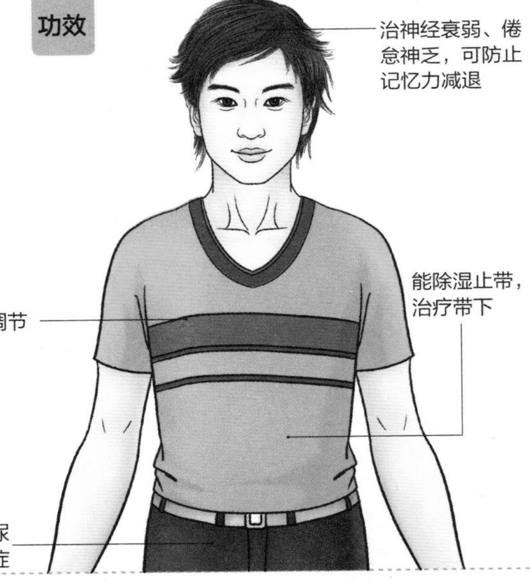

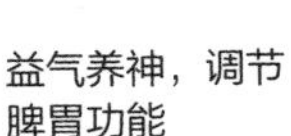

饮食宜忌

宜

- 及时补充水分，最好喝一些糖水和盐水，避免身体里离子失衡。

忌

- 忌食菠萝、柚子、柠檬、广柑、西瓜等凉性的食物。
- 少吃菠菜、白菜、竹笋、洋葱、茭白、辣椒等，膳食纤维和辣味会加重腹泻。

保健小提示

- 首先要注意饮食卫生，尤其是夏季不能吃发酸的食物，隔夜的食物应该放到冰箱中存放。养成按时吃饭的好习惯，不能暴饮暴食，少吃冷饮等影响肠胃功能的东西。

莲子紫米粥

材料：

【药材】莲子15克，大枣5颗。

【食材】紫米100克，桂圆24克，白糖适量。

做法：

1. 莲子洗净、去心；紫米洗净后以热水泡1小时。大枣洗净，泡发，待用。
2. 砂锅洗净，倒入泡发的紫米，加约4碗水，用中火煮滚后转小火。
3. 再放进莲子、大枣、桂圆续煮40~50分钟，直至粥变黏稠，最后加入白糖调味即可。

药膳功效

莲子具有养心补肾、安和五脏、补脾止泻的功效；紫米具有补血益气、健肾润肝、收宫滋阴之功效，特别适合孕产妇和康复患者保健食用，具有非常良好的效果。本药膳将二者结合，可以养心润肺、益肾补脾。

柠檬蜂蜜汁

材料：

【药材】柠檬1个。

【食材】蜂蜜1匙（约15毫升）。

做法：

1. 将新鲜柠檬洗净，可根据个人口味，决定是否剥皮，然后榨出酸甜清香的柠檬原汁。
2. 将柠檬原汁与蜂蜜混合，加入温开水500毫升，用勺子顺时针地搅拌、调匀。
3. 可在杯里插上吸管，在玻璃杯口沿上，插一块薄薄的柠檬片即可。

本草详解

柠檬能治疗中暑烦渴、食欲不振、怀孕妇女胃气不和等，还能降血压。柠檬富有香气，和肉类、水产一起烹饪能除腥。将果核3克研成粉，每晚睡前用米酒送服，可治疗劳累过度、全身酸痛无力。需要注意，胃溃疡者禁食。

荷叶莲子豆浆

材料：

【药材】鲜荷叶25克，莲子20克。

【食材】黄豆70克。

做法：

❶ 将黄豆提前8小时浸泡，将莲子提前1小时浸泡。

❷ 将荷叶洗净，撕成小块备用。

❸ 将所有的材料一起放入豆浆机内，加水搅拌，煮熟后即可饮用。

药膳功效

荷叶、莲心清热解毒、能够消除五脏内的火气，同时还能清心除烦，让人情绪平静。且莲子性平味甘，具有健脾、止泻等功能。用荷叶和莲子做成的豆浆，香气淡淡，清爽、甘甜。

食材百科

黄豆营养价值很高，富含蛋白质及矿物元素铁、镁、钼、锰、铜、锌、硒等，以及人体8种必需氨基酸以及多种营养物质。中医认为，黄豆具有健脾益气、补血润燥的作用，可用于辅助治疗腹泻、消化不良等多种病症。

止泻杀菌+养心安神

莲子冰糖止泻茶

材料：

【药材】莲子3克。

【食材】绿茶5克，冰糖适量。

做法：

❶ 莲子洗净，用温水浸泡2个小时左右。

❷ 将莲子和冰糖放入锅中炖烂。

❸ 绿茶用开水冲泡，取汁备用。

❹ 将炖好的莲子冰糖水倒入茶水中拌匀即可。

药膳功效

绿茶含有的茶多酚等活性物质有解毒和抗辐射的作用，能有效阻止放射性物质侵入骨髓；莲子有涩肠止泻的功效。绿茶与莲子、冰糖相结合能有效调治受凉或饮食不当引起的腹泻。

本草详解

莲子在中医上具有益肾固精、补脾止泻、止带、养心安神的功效，对于遗精、滑精、带下，涩肠止泻、食欲不振，烦躁、心悸、失眠等疾病均有疗效。莲子可煎服，或去莲心打碎服用。

莲子大枣糯米粥

材料：

【药材】大枣10颗，莲子150克。

【食材】圆糯米1杯，冰糖适量。

做法：

1. 莲子洗净、去莲心。糯米淘净，加6杯水以大火煮开，转小火慢煮20分钟。
2. 大枣洗净、泡软，与莲子一同加入已煮开的糯米中续煮20分钟。
3. 等莲子熟软，米粒呈糜状，加冰糖调味，搅拌均匀即可。

药膳功效

此粥能健脾补气养血，适合体质较弱者食用。大枣中铁的含量丰富，有助于治疗贫血。莲子可补中养神、止渴去热、强筋骨、补脾止泻，具有滋阳补血、润肺养心、延年益寿的功效。

车前草猪肚汤

材料：

【药材】鲜车前草150克，薏仁30克，杏仁10克，大枣3颗。

【食材】猪肚2副，猪瘦肉250克，盐5克，花生油、淀粉各适量。

做法：

1. 猪肚用花生油、淀粉反复搓揉，除去黏液和异味，洗净，稍氽烫后，取出切块。
2. 鲜车前草、薏仁、大枣等分别洗净。
3. 将1600毫升清水放入瓦煲内，煮沸后加入所有材料，大火煲滚后改用小火煲2小时，加盐调味即可。

本草详解

车前草有利尿、止泻、化痰、明目等作用，主治尿血、小便不通、黄疸、水肿、热痢、泄泻、目赤肿痛、喉痛等。新鲜的车前草可以煮熟后凉拌食用。干品以叶片完整、呈灰绿色者为佳。

便秘

因为粪便过于干燥而排便困难称为便秘，还会出现排便次数明显减少，2～3天或更长时间一次，排便无规律。

对症药材		对症食材	
❶ 黑芝麻	❹ 松子仁	❶ 雪梨	❹ 蜂蜜
❷ 当归	❺ 柏子仁	❷ 豌豆荚	❺ 南瓜
❸ 无花果	❻ 决明子	❸ 玉米粒	❻ 韭菜

无花果

雪梨

健康诊所

病因探究 便秘的病因是多方面的，历代中医对此有很多论述。如感受外邪，肾脏受邪致使津液枯竭，肠胃干涩；肠、胃、肝等脏腑热结，致使津液干燥。病因还有宿食留滞、痰饮湿热结聚、气机郁滞、肠胃阴寒积滞等。

症状剖析 大便次数减少，便质干燥，排出困难；或粪质不干，排出不畅。有时伴见腹胀、腹痛、食欲减退、嗳气反胃等症。如果拼命用力排便会诱发心肌梗死和脑中风，长期便秘会引发痔疮。

本草药典

柏子仁

性味 味甘，性平。
挑选 以粒饱满、黄白色者为佳。
禁忌 大便溏薄者、痰多者亦忌食。

功效

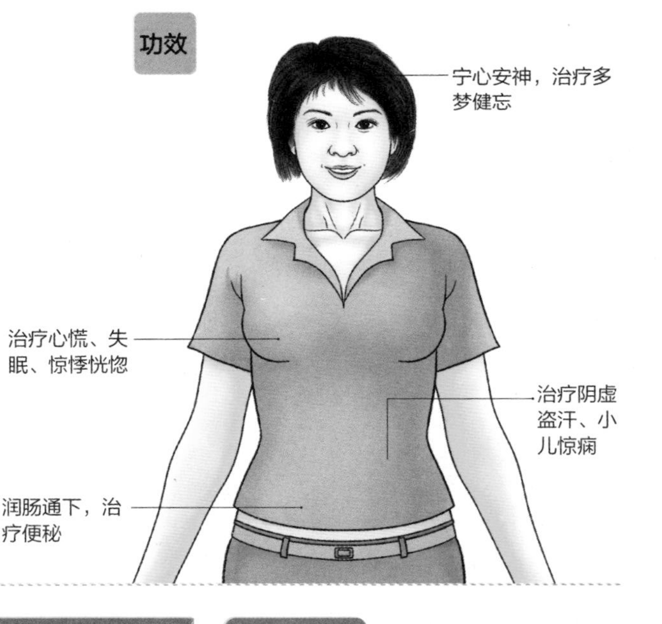

饮食宜忌

宜
- 便秘人群宜多吃些粗粮，比如糙米和胚芽米、玉米、小米、燕麦等杂粮。
- 根菜类和海藻类中膳食纤维较多，对治疗便秘有很好的效果。

忌
- 如果是由结肠痉挛引起的，应该避免食用豆类、甘蓝等容易造成排气的食物。

保健小提示

- 除了调整饮食外，按摩支沟穴和大肠俞穴，也能刺激肠胃蠕动，有助于消除便秘。在排便后用温水坐浴10～15分钟，并做提肛运动，能有效预防痔疮的发生。

人参蜂蜜粥

材料：

【药材】人参3克。

【食材】蜂蜜50克，生姜5克，韭菜5克，蓬莱米100克。

做法：

1. 将人参放入清水中泡一夜，生姜切片，韭菜切末。
2. 将泡好的人参连同泡参水，与洗净的蓬莱米一起放入砂锅中，中火煨粥。
3. 待粥将熟的时候放入蜂蜜、生姜、韭菜末调匀，再煮片刻即可。

药膳功效

此粥有调中补气、清肠通便、润泽肌肤的作用，适用于因气虚而导致的面色苍白，以及由气血两虚而导致的大便秘结等患者食用。蜂蜜具有补中、润燥、止痛、解毒等功效，可治疗肺燥咳嗽、肠燥便秘、胃肠疼痛、喉痛、口疮等症状。

食材百科

韭菜富含膳食纤维，保持肠道水分，能促进肠蠕动，缓解便秘，促进食欲。包馅最好用紫根韭菜，青根韭菜则一般茎粗，叶子宽，适合做炒菜，常搭配鸡蛋、虾仁炒食。

松仁炒玉米

材料：

【药材】松子仁20克。

【食材】玉米粒200克，青、红椒各15克，盐5克，味精3克。

做法：

1. 将青、红椒洗净，切成粒状。热锅后，放入松子仁炒香后即可盛出，注意不要在锅内停留太久。
2. 锅中加油烧热，加入青、红椒稍炒后，再加入玉米粒，炒至入味时，再加炒香的松子仁和调味料拌匀即可。

药膳功效

本药膳可改善肺燥咳嗽、皮肤干燥、大便干结，常食能防治肥胖病、高脂血症、高血压、冠心病等。其中松子仁有益气健脾、润燥滑肠的功效。

食材百科

玉米能调中开胃、利尿、降血脂，可用于治疗食欲不振、小便不利或水肿、高脂血症、冠心病等。玉米胚能增强新陈代谢、调整神经系统功能。不过，玉米发霉后能产生致癌物，所以绝对不能食用。

无花果木耳猪肠汤

材料：

【药材】大枣3颗，无花果50克。

【食材】黑木耳20克，荸荠100克，猪肠400克，花生油、淀粉、盐各适量。

做法：

❶ 无花果、黑木耳和荸荠洗净，前两者浸泡1小时，荸荠去皮；猪肠用花生油、淀粉反复搓揉，去腥味和黏液，冲洗干净，过水。

❷ 取适量清水放入瓦煲内，煮沸后加入以上材料，煮沸后改用小火煲3小时，最后加盐调味即可。

药膳功效

本药膳能健胃清肠，适用于高血压、大肠热燥所引起的便秘等症状。黑木耳是常见食材，具有凉血、止血的功效；荸荠具有清热、化痰、消积等功效；猪肠有益肠道，是辅助治疗久泻脱肛、便血、痔疮的首选食材。

食材百科

荸荠口感甜脆，能清热止渴、利湿化痰、降血压，可用于肺热咳嗽、咽喉肿痛、高血压、小便不利、痔疮出血。但因为其可能附着较多的细菌和寄生虫，所以不能生吃，一定要洗净去皮煮透后食用，而且煮熟后味道更甜。

本草详解

无花果能润肺止咳、清热润肠，可用于治疗咳喘、咽喉肿痛、便秘痔疮等。同番木瓜一样，无花果还可以当水果鲜食。购买新鲜的无花果，应选个头较大、果肉饱满甚至裂开的，一般紫红色表示果实已成熟，也有的无花果成熟时为黄色。

雪梨豌豆炒百合

材料：

【药材】鲜百合30克。

【食材】雪梨1个，豌豆荚、南瓜、柠檬、油、盐、味精、淀粉各适量。

做法：

1. 雪梨削皮切块，豌豆洗净，鲜百合剥开洗净，南瓜切薄片，柠檬挤汁备用。
2. 雪梨、豌豆、鲜百合、南瓜过水后捞出。
3. 锅中油烧热，放入所有食材和药材炒1～2分钟，用淀粉勾芡后起锅即可。

药膳功效

此药膳中雪梨具有润燥生津、清热化痰的功效，可治热病津伤、烦渴热咳、便秘等症。百合主治邪气所致的心痛腹胀、胸腹间积热胀满，还有养阴清热、润肺止渴等功效。

大枣柏子小米粥

材料：

【药材】柏子仁15克，大枣10颗。

【食材】小米100克，白糖少许。

做法：

1. 将大枣、柏子仁、小米洗净，再将大枣、小米分别放入碗内，泡发，备用。
2. 砂锅洗净置于火上，将大枣、柏子仁放入砂锅内，加清水煮熟后转入小火。
3. 再加入小米，共煮成粥，至黏稠时，加入白糖，搅拌均匀即可。

药膳功效

本药膳具有健脾胃、养心安神、润肠通便等功效，常用来治疗惊悸、失眠、遗精、盗汗、便秘等症。此药膳适合长期便秘或老年性便秘等患者食用。

慢性胃炎

随着现代生活压力的增加，越来越多的人患上了慢性胃炎，出现食欲不振、消化不良、胃痛、胃胀等症状。

对症药材

① 山楂 ④ 鸡内金
② 神曲 ⑤ 白扁豆
③ 大枣 ⑥ 麦芽

鸡内金

对症食材

① 猴头菇 ④ 香蕉
② 猪肚 ⑤ 甜椒
③ 卷心菜 ⑥ 土豆

卷心菜

健康诊所

病因探究 慢性胃炎在中医上有“胃脘痛”“痞满”“吞酸”“嘈杂”“纳呆”等不同表现。中医认为，慢性胃炎多因情志不畅、饮食不节、劳逸失常，导致肝气郁结、脾失健运、胃脘失和，日久中气亏虚，从而引发种种身体不适。

症状剖析 大多数患者会出现消化不良的症状，如上腹隐痛、食欲减退，进食后胃部饱胀、反酸等。萎缩性胃炎患者可出现贫血、腹泻等；胃溃疡的患者上腹疼痛较明显，常觉得饥饿，进食后会缓解。

本草药典

白扁豆

性味 性微温，味甘。
挑选 色泽光亮、颗粒饱满者为佳。
禁忌 腹部胀气者忌食。

功效

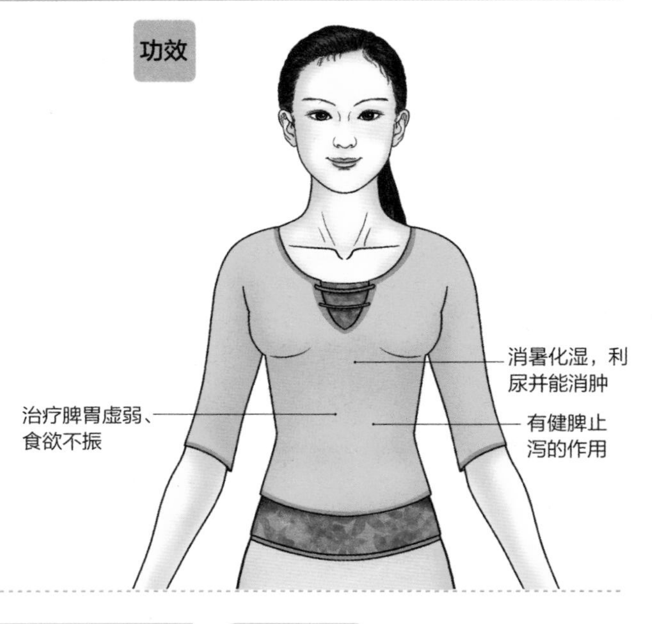

饮食宜忌

宜

- 有规律地进餐，进餐时细嚼慢咽。
- 要注意胃部保暖，防止因着凉而引起胃痉挛疼痛。

忌

- 不宜吃得过饱，餐后不要立即饮水，正餐之间可少量加餐。
- 少吃生冷食物和肥腻、甘厚、辛辣的食物，少饮酒及浓茶。

保健小提示

- 吸烟也是慢性胃炎的诱因之一。尼古丁能使胃黏膜中的血管收缩，导致黏膜缺血，抵抗外界感染的能力下降；还能促进胃酸分泌增加，破坏胃黏膜。因此，患有慢性胃炎的人最好戒烟。

山楂牛肉菠萝盅

材料：

【药材】山楂5克，甘草2克。

【食材】菠萝1个，牛肉80克，竹笋10克，甜椒5克，洋菇5克，姜末3克，番茄酱适量。

做法：

1. 菠萝洗净，切成两半，挖出果肉，做成容器备用；山楂、甘草熬煮后，滤取汤汁备用。
2. 菠萝果肉榨成汁，加番茄酱、汤汁，煮成醋汁，最后淋在炸熟的牛肉上。
3. 另起油锅，将备好的姜末、竹笋、甜椒等与牛肉拌炒，装入菠萝盅即可。

药膳功效

本药膳具有强心、健胃、活血化淤的功效。牛肉含有蛋白质、脂肪、矿物质及维生素等，其功效为补脾胃、益血气、强筋骨。山楂味酸、甘，性温，有消食健胃、活血化淤的功效。

食材百科

菠萝具有健胃消食、清胃解渴、止泻等功效，适宜肾炎、高血压、支气管炎、消化不良的人食用。在夏季食用可消暑生津，不过要注意用淡盐水浸泡一会再吃，防止发生过敏反应。

人参大枣粥

材料：

【药材】人参3克，大枣10克。

【食材】白米50克，冰糖适量。

做法：

1. 将除冰糖外的所有材料洗净，白米盛碗放水泡软，大枣洗净泡发。
2. 将砂锅洗净，放入人参，再倒入适量的清水，用大锅煮沸，转入小火煎煮，滤去残渣，保留人参汤汁备用。
3. 随后，加入白米和大枣，续煮，待汤汁变稠即可熄火。起锅前，加入适量冰糖调匀即可。

药膳功效

本药膳的功效是健脾胃、生津、补气养血。大枣治脾虚腹泻、乏力。人参可治劳伤虚损、食少、倦怠、反胃吐食、大便滑泄、虚咳喘促等。

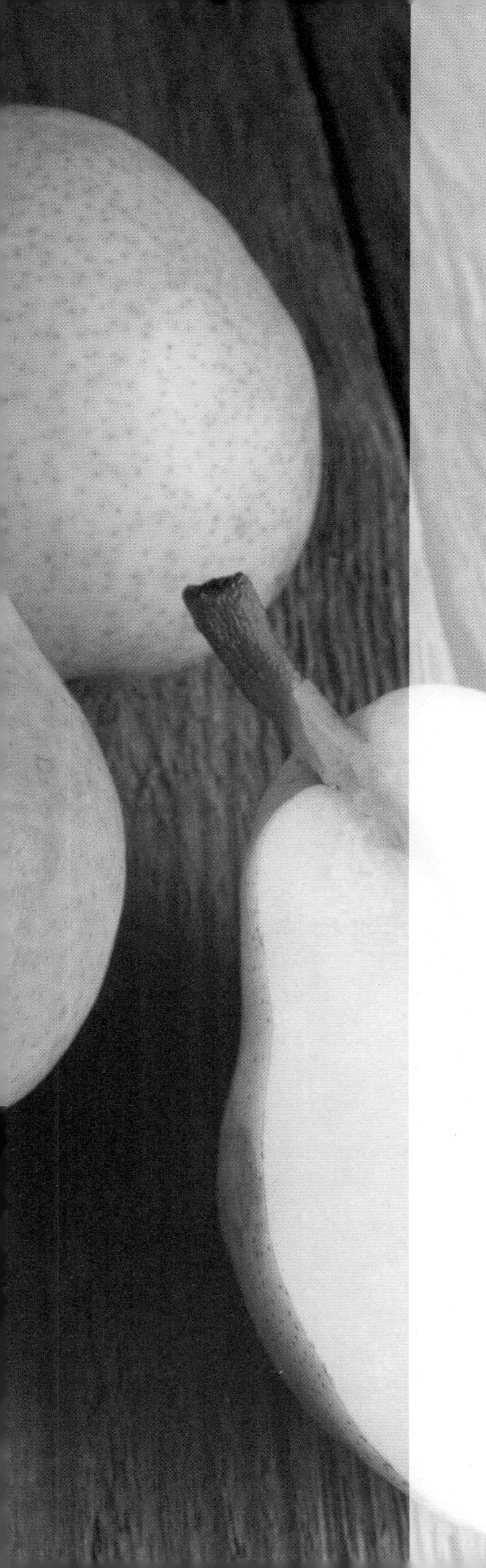

第三章 润肺止咳篇

中医认为“肺为娇脏”“温邪上受，首先犯肺”，也就是说肺最容易受到外来有害物质侵害。肺部受到有害物质侵害，会导致咳嗽、痰多、气喘、气管炎等相关疾病。而要想促进肺功能，就要坚持锻炼身体，全面增强体质；还要吃对食物，摄入均衡营养。利用药膳来养肺是本章重点，药膳方中不仅有滋阴润燥的食物，如鸡蛋、豆腐、蜂蜜等；也有生津养肺的食物，如橘子、梨、葡萄等。

润肺止咳篇

特效药材推荐

百合

「功效」清火润肺，滋阴安神。
「挑选」以个大饱满，颜色洁白无黄斑，底部少泥土为佳。
「禁忌」脾胃虚寒、腹泻者不宜使用。

玉竹

「功效」滋阴润肺，养胃生津。
「挑选」表面金黄色，断面黄白色，半透明，质柔软者佳。
「禁忌」痰湿气滞、脾虚便溏者慎用。

白果

「功效」敛肺定喘，收涩止带。
「挑选」以个大均匀、种仁饱满、壳色白黄者为佳。
「禁忌」白果有毒，不可多用，小儿尤当注意。

天冬

「功效」养阴清热，润肺滋肾。
「挑选」以肥满、致密、黄白色、半透明者为佳。
「禁忌」脾虚泄泻、痰湿内盛者忌用。

知母

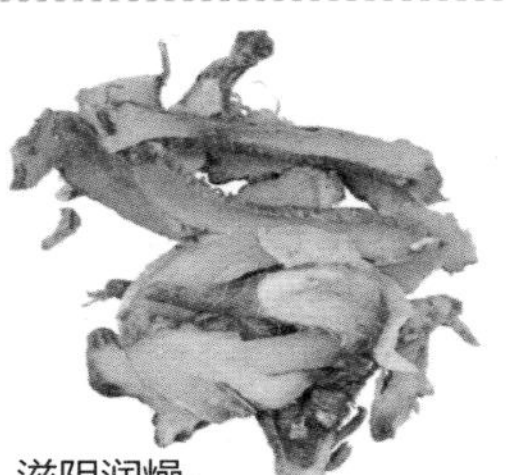

「功效」清热泻火，滋阴润燥。
「挑选」表面黄棕色至棕色，质硬易折断，断面呈黄白色者佳。
「禁忌」脾虚便溏者禁服。

甘草

「功效」清热解毒，祛痰止咳。
「挑选」淡褐色，有香甜味，以粗大，断面质密，无断裂者佳。
「禁忌」湿盛胀满、水肿者慎服。

罗汉果

「功效」清肺利咽，化痰止咳。
「挑选」个大形圆，色泽黄褐，壳不破、不焦，味甜者佳。
「禁忌」风寒感冒咳嗽患者忌食。

苦杏仁

「功效」止咳平喘，润肠通便。
「挑选」颗粒饱满，表皮黄褐色，有苦香味，多油分者佳。
「禁忌」阴虚咳喘及大便溏泄者忌服。

特效食材推荐

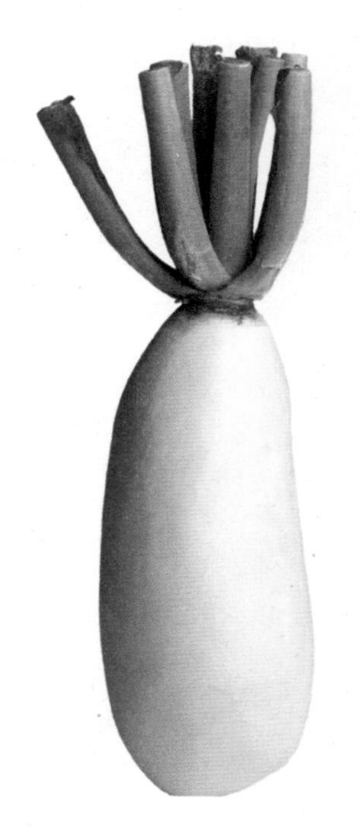

白萝卜

「功效」化痰清热，下气宽中。
「挑选」根茎白皙细致、表皮光滑、分量较重者佳。
「禁忌」脾胃虚弱者不宜多食。

鸭肉

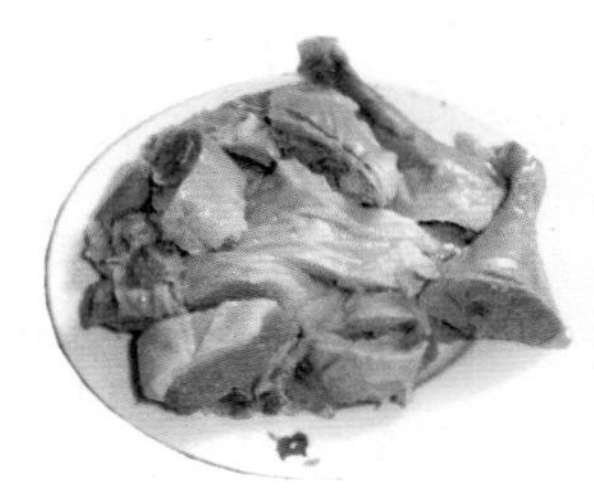

「功效」养胃生津，滋阴止咳。
「挑选」肉质紧实、有弹性、有光泽，为新鲜鸭肉。
「禁忌」腹泻、腰痛、痛经者不宜食用。

雪梨

「功效」润肺清心，消痰止咳。
「挑选」皮细薄、形状饱满、汁多肉脆者佳。
「禁忌」糖尿病患者忌食。

莲藕

「功效」润肺止咳，通便消脂。
「挑选」以藕身肥大、肉质脆嫩、水分多而甜、有清香者佳。
「禁忌」产妇不宜过早食用。

无花果

「功效」润肺利咽，润肠通便。
「挑选」颜色为红褐色、头部出现龟裂、触感柔软者佳。
「禁忌」大便溏薄者不宜生食。

肺阴虚

身体里的体液属阴，肺阴缺失就会引起肺燥，会有呼吸干燥、干咳、发热等症状，还易患呼吸道感染。

对症药材		对症食材	
① 玉竹	④ 百合	① 鸭肉	④ 银耳
② 白果	⑤ 党参	② 白菜	⑤ 蛤蜊
③ 麦冬	⑥ 菊花	③ 蜂蜜	⑥ 梨

菊花　蛤蜊

健康诊所

病因探究 阴是指人身体里的液体，当津液不足时就是阴虚。肺阴虚是指体内阴液不足而不能润肺，常发生在秋季，秋季燥邪犯肺，易伤津液，肺阴亏耗，津液不足，因而导致体内虚火旺盛。

症状剖析 肺阴虚可见恶寒发热、头痛鼻塞、干咳少痰、咽喉疼痛等。还会累及肠胃，出现食欲不振、消化不良、腹胀便溏、形体消瘦。此外，午后潮热、盗汗、五心烦热、颧红等也是常见症状。

本草药典

玉竹

性味 味甘，性微寒。
挑选 呈黄白色、半透明者为佳。
禁忌 脾虚便溏者慎服。

功效

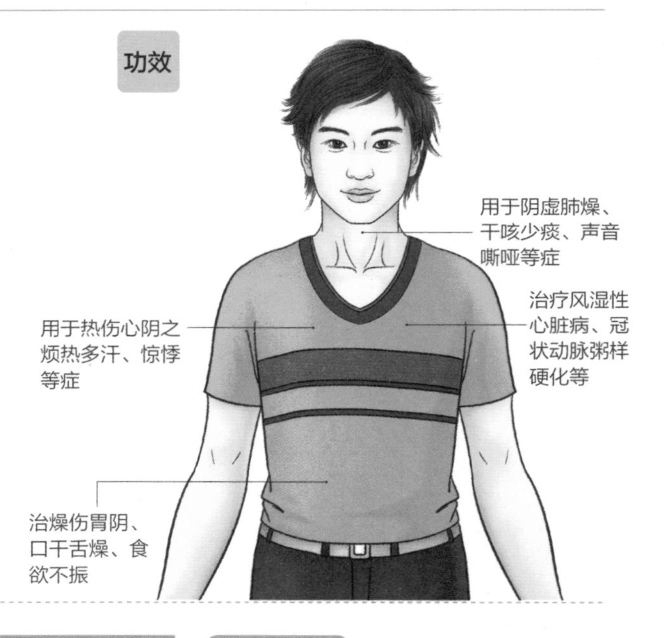

饮食宜忌

宜
- 宜清淡，吃容易消化的食物，推荐青菜瘦肉粥、馄饨等。
- 宜多吃海参、蛤蜊、蚌肉、鸭肉、梨、桑葚、干贝等，多喝牛奶。

忌
- 应少吃寒凉的和不合时节的食物，即使在夏季也要少吃冷饮。
- 少吃辛辣的东西。

保健小提示

- 肺燥会引发喉咙干痛、瘙痒、干咳无痰。这时候要注意居住环境的湿度调节，尤其是干燥的秋冬季节，可以用加湿器来缓解干燥。同时注意常喝水，既能滋润咽喉，又能补充身体流失的水分。

玉竹沙参焖老鸭

材料：

【药材】玉竹50克，沙参50克。

【食材】老鸭1只，葱、生姜各适量。

做法：

1. 将老鸭洗净，切块后放入锅中；生姜去皮，切片。
2. 再放入沙参、生姜，加水适量用大火煮沸。
3. 转用小火煨煮，1小时后加入调味料，撒上葱花即可。

药膳功效

本药膳是常用的滋补品，可滋阴清润、祛痰补虚。沙参可滋阴清肺、虚痨久咳，玉竹可养阴润燥，老鸭可益胃生津、防痨止嗽、清热、止热。三者放在一起同食滋补养阴的效果更好。

本草详解

沙参分为南沙参和北沙参。南沙参形粗大，质较疏松，偏于清肺祛痰止咳，用于肺阴虚之久咳干咳，常配贝母、麦冬使用。北沙参则形细长，主要有清养肺胃之热的作用。

山药白果瘦肉粥

材料：

【药材】白果10克，山药20克，大枣4颗。

【食材】瘦肉30克，葱10克，姜8克，香菜5克，盐1克，味精2克，白米适量。

做法：

1. 山药去皮，切片；大枣泡发；瘦肉剁碎；白果、米淘洗净。
2. 姜切丝，葱切葱花，香菜切末备用。
3. 砂锅注水烧开，放入米，煮成粥；放入白果、山药煮5分钟后加入大枣、瘦肉、姜丝煮烂，放适量盐和鸡精，撒入葱花及香菜末拌匀即可。

药膳功效

本药膳具有健脾益胃、润肺平喘的功效，可用于肺部虚寒、身体虚弱、气血不足、少食体倦等病症。另外，山药含有淀粉酶、多酚氧化酶等物质，有利于增强脾胃消化吸收功能。

白果玉竹猪肚煲

材料：

【药材】白果50克，玉竹10克。

【食材】猪肚1副，姜10克，葱、盐、鸡精各5克。

做法：

1. 锅上火，注入适量清水，放入姜片煮沸，再加入猪肚约10分钟，捞出洗净晾凉。
2. 将猪肚切成片；玉竹泡发切片；白果洗净；葱切段，备用。
3. 倒入适量清水，放入姜片、葱段，待水沸放入猪肚、玉竹、白果等，大火炖开，转小火煲约2小时，加入盐、鸡精调味即可。

药膳功效

本药膳具有疏通血脉、健胃益脾的功效。本品制作时选用了猪肚这一材料。猪肚即猪胃，为补脾胃的重要食材；白果具有促进敛肺化痰、定喘、止带缩尿的功效。

本草详解

玉竹能补益五脏、滋养气血，还有滋养镇静神经和强心的作用，主治肺阴虚引起的干咳少痰，或因高烧引起的津少口渴、食欲不振、胃部不适等症，适宜心悸、心绞痛患者经常食用。

食材百科

姜性味辛微温。有化痰、止呕的功效，在烹调菜肴时，有去腥的作用。生姜皮，能利尿消肿，可配合冬瓜皮、桑白皮等，治疗小便不利、水肿等症，一般用量为5~10克，水煎。

洋参麦冬粥

材料：

【药材】西洋参5克、麦冬10克、石斛20克、枸杞子5克。

【食材】白米70克、冰糖50克。

做法：

❶ 西洋参洗净，磨成粉末状；麦冬、石斛分别洗净，放入棉布袋中包起。

❷ 枸杞子洗净后用水泡软，备用。

❸ 白米洗净，倒入适量水，与枸杞子、药材包一起放入锅中，以大火煮沸。放入西洋参粉，转入小火续煮，直到黏稠为止。

药膳功效

西洋参具有滋阴补气、宁神益智及清热生津、降火消暑的双重功效；麦冬的功效是清肺养阴、益胃生津、清心除烦，二者搭配使本药膳可润肺生津。

玉竹三味排骨汤

材料：

【药材】玉竹15克，白芷10克，枸杞子20克。

【食材】排骨400克，盐1小匙。

做法：

❶ 玉竹、白芷、枸杞子分别洗净，枸杞子泡发。

❷ 排骨洗净，放入滚水中烫去血水，捞出，稍微冲洗后沥干水分。

❸ 将所有材料放入锅中加入适量水，大火煮开后，转小火炖煮1个小时，加入盐调味即可。

药膳功效

玉竹具有生津、滋补作用，白芷能排除体内毒素，枸杞子能滋补肝肾、益精明目，三者合用能养阴润肺、生津止渴，食用后还能帮助美白肌肤、清利头目。

本草详解

白芷是一味常见解表中药，其性温味辛，入肺、胃、大肠诸经。白芷具有解表散寒、祛风止痛、通鼻窍、燥湿止带、消肿排脓的作用，常用于治疗风热感冒、头痛、鼻塞不通、白带过多、疮痈肿毒等。

咳嗽

咳嗽是清除呼吸道内的分泌物或异物的保护性反射动作，可由一些呼吸道疾病引起。

对症药材

1 川贝母 2 南沙参 3 天花粉 4 甘草 5 百合 6 松子仁

松子仁

对症食材

1 梨 2 银耳 3 麦芽 4 鱼肉 5 蜂蜜 6 苦胆

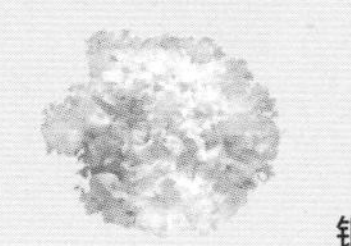

银耳

健康诊所

病因探究 中医任务，咳嗽的病因一是外感风邪，如风寒；二是身体各脏腑功能失调，如肝郁气滞、胃火旺盛、脾失健运等均会导致体内生痰，肺气不畅而致咳。此外，肺部自身疾病，如肺结核、慢性支气管炎、支气管过敏等也会引起咳嗽等症状。

症状剖析 外感风邪引起的咳嗽、咯痰大多伴有发热、头痛、恶寒等症状，起病较急，病程较短；身体各脏腑功能失调所致的咳嗽，一般伴有身体各部位不适，如舌苔异常、胸闷气促、咯血等，且起病慢，病程长。

本草药典

川贝母

性味 味甘、苦，性微寒。

挑选 嚼之成粉末状，口感微甜回味苦者为佳。

禁忌 脾胃虚寒及有湿痰者不宜服。

功效

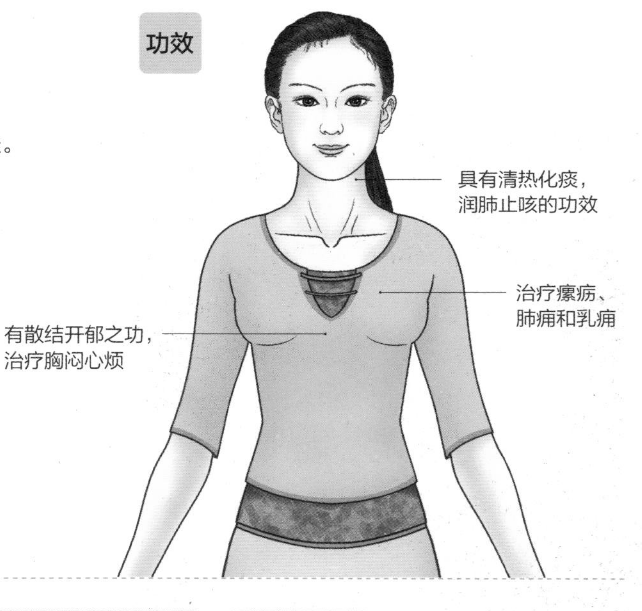

饮食宜忌

宜

- 饮食应以新鲜蔬菜为主，菜肴要以蒸煮为主。

忌

- 忌甜食，咳嗽应忌糖及一切甜食、冷饮等。
- 一些酸甜的水果，如苹果、香蕉、橘子等，也不宜多吃。
- 不宜吃油、炸、煎的食物。
- 少吃辛辣的食物，如辣椒、大蒜等。

保健小提示

- 咳嗽可以通过按摩丰隆穴来治疗。丰隆穴位于足外踝上8寸，大约在外膝眼与外踝尖的连线中点处。按摩此穴能够化痰湿、宁神志，还能治疗头痛、眩晕、下肢神经痉挛、便秘等病症。

润肺清热+化痰止咳

川贝酿水梨

材料：

【药材】川贝母6克。

【食材】银耳2克，新鲜水梨1个。

做法：

❶ 将银耳泡软，去蒂，切成细块。

❷ 水梨从蒂柄上端平切，挖除中间的籽核。

❸ 将川贝母、银耳置入梨心，并加满清水，置于碗盅里移入电饭锅内，外锅加1杯水，蒸熟即可吃梨肉、饮汁。

药膳功效

川贝母具有清热润肺、化痰止咳的功效，可用于治疗肺热燥咳、干咳少痰等病症。本药膳将川贝母和水梨两者的优点合在一处，可养阴润肺，用于治疗肺热燥咳、阴虚久咳、干咳无痰、咽干舌燥等症。

天花粉鳝鱼汤

材料：

【药材】天花粉30克。

【食材】黄鳝1条，香油5毫升，盐8克。

做法：

❶ 黄鳝去内脏、洗净，剁成3～5厘米的小段，然后将其沥干备用；天花粉用棉布包好、扎紧，备用。

❷ 将黄鳝和天花粉放入锅内，加清水适量，以大火煮沸，再转入小火，煲45分钟左右，将火调小。

❸ 起锅前，取出棉布包后，用少许香油和盐调味即可。

药膳功效

天花粉具有清热泻火、生津止渴、排脓消肿的功效；而鳝鱼具有补气养血、温阳健脾、滋补肝肾、祛风通络等医疗保健的功能。两者搭配对支气管哮喘有良好的疗效。

本草详解

天花粉为葫芦科植物栝楼的干燥根。配芦根，可清肺化痰，用于热邪犯肺、咳嗽痰稠；配川贝母，用于燥热化肺或肺阴不足的咳嗽；配天冬，治肺热燥咳、咯血；配金银花，治疮疡肿毒。

灵芝沙参百合茶

材料：

【药材】灵芝、百合各10克，南、北沙参各6克。

【食材】清水1500毫升。

做法：

1. 将灵芝洗净，用温水浸泡半小时；百合洗净，泡发。
2. 将灵芝、南沙参、北沙参、百合放入砂锅中煎15分钟，滤渣取汁即可。

用法：

每日2~3次温饮，每日1剂。

药膳功效

灵芝是滋补良药，配南沙参、北沙参、百合三种滋阴润肺、止咳化痰的中药，具有益肺补虚的作用，对慢性支气管炎、肺结核等疾病有很好的疗效。常喝此茶还能增进食欲，促进睡眠，增强体力和免疫力。

沙参麦冬茶

材料：

【药材】南沙参8克，麦冬、桑叶各6克。

【食材】清水1500毫升。

做法：

1. 将南沙参、麦冬和桑叶分别洗净，沥干水分。
2. 将清水放到火上烧开。
3. 将南沙参、麦冬和桑叶放到保温杯中，用烧开的水冲泡15分钟。

用法：

代茶频饮，每日1剂。

药膳功效

本方以沙参、麦冬润肺养阴，止咳化痰；桑叶能祛风清热，治肺热咳嗽，并有止盗汗的作用。三药合用，对肺热阴虚之新、久咳嗽均有良效。

本草详解

在中药上，沙参分为南沙参和北沙参两种，均有养阴清肺、益胃生津的作用。不过，南沙参的祛痰作用更为显著，适用于气阴两伤及燥痰咳嗽者；北沙参清养肺胃的作用稍强，适用于肺胃阴虚。

沙参百合甜枣汤

材料：

【药材】南沙参6克，新鲜百合1球，大枣5颗。

【食材】冰糖适量。

做法：

1. 新鲜百合剥瓣，削去瓣边的老硬部分，洗净；南沙参、大枣分别洗净，大枣泡发1小时。
2. 将备好的沙参、大枣盛入煮锅，加3碗水，煮约20分钟，直至大枣裂开，汤汁变稠。
3. 加入剥瓣的百合续煮5分钟，汤味醇香时，加冰糖调味即可。

药膳功效

本膳食疗价值很高，能润肺止咳、滋阴清热，用于治气虚久咳、肺燥干咳、咳嗽声低、痰少不利，体弱少食、口干口渴等。本汤还能补阴除烦、益血安神，可治肺胃阴伤、失音咽痛之症。

松仁烩鲜鱼

材料：

【药材】松子仁 20 克。

【食材】鲜鱼1条，番茄酱10克，白醋6克，白糖5克，淀粉 5 克。

做法：

1. 鲜鱼洗净，腌入味。
2. 将鱼裹上蛋液，再沾上淀粉，入油锅中炸至金黄色，待冷却后，将刺挑出，鱼肉备用。
3. 锅中加入少许清水，再放入调味料调成糖醋汁，勾芡淋油浇在鱼肉上，再撒上松子仁即可。

药膳功效

本药膳具有滋润止咳、滑肠通便、养血补液的功效，可以治疗口干、干咳无痰的肺燥咳嗽。另外，松子仁所含的不饱和脂肪酸有降低体内胆固醇、甘油三酯的作用。

本草详解

松子仁是松树的种子，营养丰富，常食可健身心、滋润皮肤、延年益寿。年老体弱、病后、产后便秘的人，可煮松子仁粥食用；肺燥咳嗽可用松子仁30克和胡桃仁60克研碎，蜜煎服用。

气喘

气喘是指呼吸急促，呼多吸少，甚则张口抬肩等，为临床呼吸系统疾病常见之症状之一。此病症与肺、肾关系较密切。

对症药材

1. 桑白皮
2. 紫苏子
3. 马兜铃
4. 杏仁
5. 百合
6. 白果

杏仁

对症食材

1. 西芹
2. 香菇
3. 猪肺
4. 海带
5. 小黄瓜
6. 杨梅

海带

健康诊所

病因探究 气喘可由多种原因引起，比如灰尘及花粉等异物、感冒症状群及支气管炎等。温度变化及压力也可能是诱因。支气管受到刺激后会发生收缩、充血水肿，而引起喘鸣及呼吸困难。

症状剖析 最初感觉喉咙发紧、胸闷、眼睛不舒服。之后，出现哮喘音、气喘、呼吸困难等症。呼吸困难严重时，会有无法呼吸、持续咳嗽等情形；症状缓和时，咳嗽可变轻，呼吸困难的症状也能改善。

本草药典

白果

性味 味甘、苦，性平，有毒。

挑选 自然本色的本白，而不是雪白，新鲜饱满者佳。

禁忌 白果有小毒，不宜多食常食。

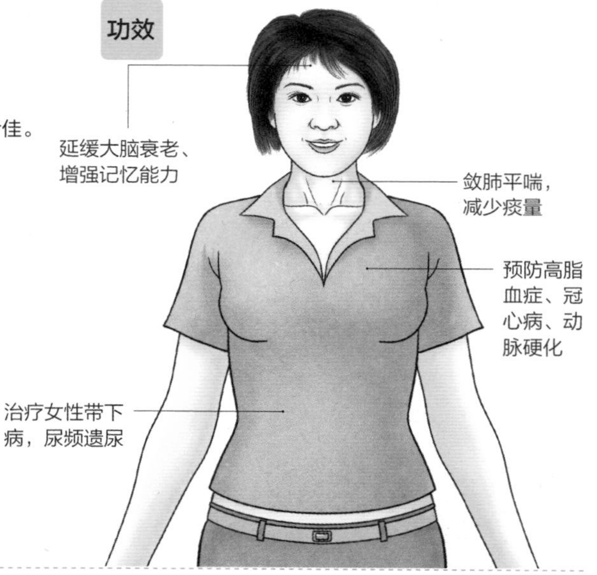

饮食宜忌

宜

- 宜选择容易消化的流食，如菜汤、稀粥、蛋汤、蛋羹、牛奶等。
- 宜食清淡少油腻，可以喝粥或吃些榨菜或豆腐乳等小菜，以清淡、爽口为宜。
- 多食含维生素C、维生素E及红色的食物，如番茄、苹果、葡萄、枣、草莓、甜菜、橘子、西瓜、牛奶及鸡蛋等。

保健小提示

- 咳嗽气喘时，可以按摩神封穴，这个穴位在人体的胸部，当第 4 肋间隙，前正中线旁开 2 寸处。按摩此穴对咳嗽、气喘、胸胁支满、呕吐、不嗜饮食、乳痈等疾患，具有良好的治疗效果。

松子杏仁豆浆

材料：

【药材】甜杏仁10克，松子仁5克。

【食材】黄豆70克，冰糖适量。

做法：

1. 黄豆用清水浸泡6~8小时，洗净备用。
2. 将杏仁、松子仁和黄豆混合放入全自动家用豆浆机杯体中，加水至上下水位线间，接通电源，按“好豆浆-五谷”键。待豆浆制成，趁热加入冰糖调味即可。

食材百科

甜杏仁功效与苦杏仁相似，有止咳平喘、润肠通便的作用；而松子仁也是止咳化痰的良药，二者与黄豆结合磨成的豆浆味道鲜美，止咳平喘效果加倍。此外，甜杏仁能促进皮肤微循环，松子仁也有润肤养颜的功效，因此，此豆浆还是美容佳品。

杏仁雪梨汤

材料：

【药材】甜杏仁20克，苦杏仁12克，麻黄8克。

【食材】雪梨1个，冰糖30克。

做法：

1. 雪梨洗净，留皮去核，切成滚刀块。
2. 两种杏仁洗净，沥干。
3. 锅放在火上，加入适量清水，下入雪梨、杏仁、麻黄及冰糖，盖严。
4. 先用旺火煮3～5分钟，再转用文火煮1小时，盛入碗中，晾凉即可。

药膳功效

中药苦杏仁、甜杏仁、麻黄均有宣肺平喘、润肺止咳的作用，雪梨也有很好的润肺、止咳、化痰、平喘之效。因此，此药膳特别适合秋燥季节食用，能清热降火、润肺止咳。

本草详解

中药中的杏仁有两种，一是苦杏仁，二是甜杏仁。二者均为蔷薇科植物山杏的种子，苦杏仁味极苦，且有小毒，但其药用效果很好，能止咳平喘、润肠通便；甜杏仁则性平味甘，无毒，非常适合日常食疗，能治疗虚劳咳嗽、津伤便秘等。

西芹百合炒白果

材料：

【药材】百合300克，白果50克。

【食材】西芹500克，姜、葱、盐、味精各5克，鸡蛋面200克，鸡精粉2克，淀粉10克。

做法：

1. 洋芹、百合切好洗净，鸡蛋面用开水煮熟，沾上淀粉，油炸熟装盘备用。
2. 白果过水后再放入砂锅，加油和调味料炒熟，用淀粉勾芡，淋入少许油。
3. 炒好的西芹、百合装入盘中面上，再将白果放在上面即可。

药膳功效

本药膳具有敛肺气、治哮喘、清咽、缩小便等功效。其中白果具有敛肺气、治哮喘、定喘嗽、止带浊的作用。西芹是芹菜的一种，可用于高血压、血管硬化、神经衰弱等疾病的辅助治疗。此外，常食西芹还有利于清咽利胆、祛风散热。

食材百科

西芹含有芹菜油，具有降压、镇静、健胃、利尿等功效。西芹还富含膳食纤维，常食有利于减肥，还可以健脑、促进食欲、清肠利便、解毒消肿。但婚育期男士应少吃芹菜，否则会影响精子的活性。

白果豆腐炒虾仁

材料：

【药材】白果50克。

【食材】盒装豆腐1/2盒，虾仁300克，鲜干贝8颗，香菇3朵，小黄瓜1条，酸笋半根，酒、盐、淀粉、葱段各适量。

做法：

1. 虾仁去壳，挑去泥肠，和鲜干贝用姜片、酒、盐和淀粉拌匀，热水烫至八分熟备用。
2. 其他材料剁成块备用。
3. 姜片和葱段爆香，再将剩下的材料放入翻炒，加高汤，煮滚后勾薄芡即可。

药膳功效

虾肉有化淤解毒、益气滋阳、通络止痛、开胃化痰等功效。本药膳能治疗哮喘，通畅血管，改善大脑功能，延缓老年人大脑衰老，增强记忆力，治疗阿尔茨海默症和脑供血不足。

玄参萝卜清咽汤

材料：

【药材】玄参15克，蜂蜜80克。

【食材】白萝卜300克，绍兴酒20毫升。

做法：

1. 白萝卜、玄参洗净切成片，用绍兴酒浸润备用。
2. 用大碗1个，放入2层萝卜，再放1层玄参，淋上蜂蜜10克、绍兴酒5毫升。按照此种方法，放置4层。
3. 将剩下的蜂蜜，加20毫升冷水倒入大碗中，大火隔水蒸2小时即可。

食材百科

优质绍兴酒色橙黄，清澈透明，有香气，醇香浓郁，无其他异杂味。口感醇厚爽口，味正纯和，具有典型的黄酒风味。绍兴酒除了用来佐餐之外，还可以直接饮用，但需慢饮细细品味。

慢性支气管炎

慢性支气管炎常发生在老年人身上，不仅不易治愈，还会反复发作，因此治疗和预防同样重要。

对症药材		对症食材	
① 西洋参	④ 枸杞子	① 白萝卜	④ 雪梨
② 山药	⑤ 白果	② 胡萝卜	⑤ 香菇
③ 杏仁	⑥ 核桃仁	③ 草莓	⑥ 鸡蛋

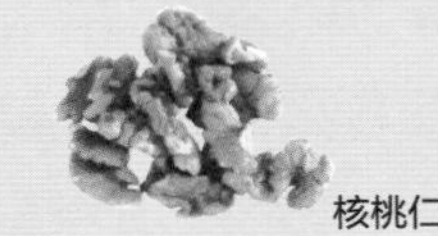
核桃仁

白萝卜

健康诊所

病因探究 慢性支气管炎，是由于感染或过敏、化学物质刺激等非感染因素引起气管、支气管黏膜的炎症。吸烟为慢性支气管炎最主要的发病因素，另外对花粉、灰尘等过敏的人更容易患支气管炎。

症状剖析 早期症状轻微，多在冬季发作，春暖后缓解；晚期炎症加重，症状长年存在，不分季节。疾病进展后可并发阻塞性肺气肿、肺源性心脏病，严重影响劳动能力和健康。

本草药典

山药

性味 味甘，性平。
挑选 粉性足、色洁白者佳。
禁忌 湿热积滞、有实邪者忌服。

功效

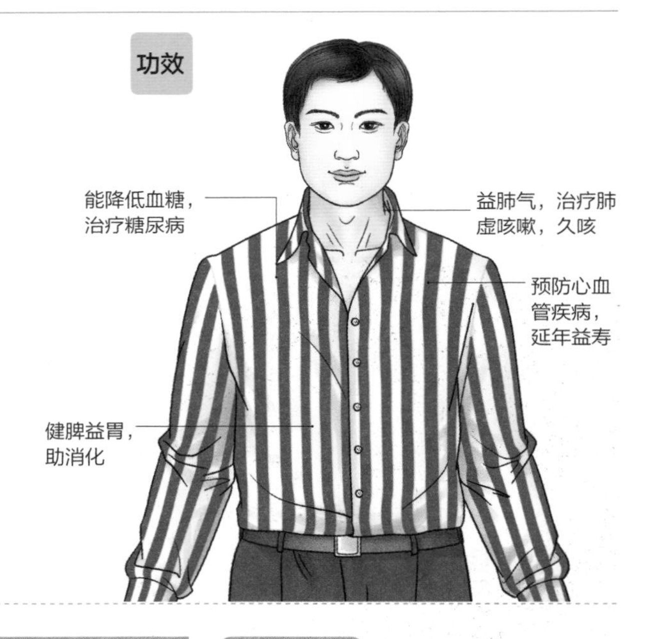

饮食宜忌

宜	食物宜清淡，多吃能清痰祛火的新鲜蔬菜，如白菜、油菜、番茄、黄瓜、冬瓜等。 适宜益肺、理气、化痰的食物，如梨、百合、莲子、杏仁、蜂蜜等。
忌	不吃刺激性食物，如辣椒、胡椒、蒜、葱、韭菜等。 菜肴调味不宜过咸、过甜，冷热要适度。

保健小提示

慢性支气管炎很容易复发，因此生活中要注意预防感冒等呼吸道感染；还要积极锻炼身体，注意休息，增强抵抗力。此外，做饭时使用吸油烟机，避免油烟刺激呼吸道，加重病情。

润肺乌龙面

材料：

【药材】西洋参、山药、甜杏仁、枸杞子各10克。

【食材】干海带20克，虾1只，生蚵3只，胡萝卜50克，青江菜1株，鲜香菇1朵，贡丸1个，鱼板1片，乌龙面50克，生姜片2片，盐适量。

做法：

1. 将药材洗净，用棉布包起来，加适量水，煮滚后熄火，放入海带，滤出汤汁备用。
2. 将剩下的材料洗净，胡萝卜切块。
3. 将备好的汤汁倒入锅中煮沸，放入胡萝卜，约煮5分钟，再放剩下的材料，煮沸加盐即可。

药膳功效

本药膳具有补中益气、润肺止咳、散寒、祛风之功效，适用于慢性支气管炎、咳嗽、咽干喉痛等病症。枸杞子能滋补肝肾、益精明目，有养血、降低胆固醇、抗衰老和美容等功能。

四仁鸡蛋粥

材料：

【药材】白果仁、甜杏仁、核桃仁各20克。

【食材】花生仁40克，鸡蛋2个。

做法：

1. 白果仁去壳、去皮。
2. 将白果仁、甜杏仁、核桃仁、花生仁（均须是洁净的食品），共研磨成粉末（呈细粉状，捻之无沙粒感），用干净、干燥的瓶罐收藏，放于阴凉处。
3. 每次取20克加水煮沸，冲鸡蛋，成一小碗，搅拌均匀即可。

药膳功效

本药膳粥有扶正固本、补肾润肺、纳气平喘等功效，主要用于辅助治疗慢性支气管炎合并肺气肿， 特别适用于中老年慢性气管炎患者食用。

本草详解

甜杏仁与苦杏仁不同，毒性较小，可以直接食用，能润肺宽胃、祛痰止咳，最宜治肺燥干性、阴虚久咳；有滋润性，内服具轻泻作用，并有滋补功效。挑选时注意选择颗粒饱满、无异味的。

第四章 滋补养肾篇

中医认为，肾为先天之本、生命之源。由于环境不佳、生活习惯不良，肾虚困扰着越来越多的人。常见的肾虚有肾阴虚、肾阳虚、肾气虚以及肾寒等几种。怎样滋补最养肾，本章有针对性地选择中药和食材，让食补成为滋补养肾的有效方法。此外，『肾主骨』，肾脏功能不佳，还容易出现腰膝酸软、骨质疏松等常见病症，本章也有相关防治药膳，供广大读者选择。

滋补养肾篇

特效药材推荐

何首乌

【功效】补益精血，润肠通便。
【挑选】切断面淡黄棕色或淡红棕色，以体重、质坚实、粉性足者为佳。
【禁忌】大便溏泄及有湿痰者不宜。

芡实

【功效】益肾固精，补脾止泻。
【挑选】以颗粒饱满、均匀、粉性足、无破碎者为佳。
【禁忌】便秘、消化不良者忌用。

菟丝子

【功效】补肾益精，养肝明目。
【挑选】以身干、粒饱满，色灰黄者为佳。
【禁忌】阴虚火旺者忌用。

山茱萸

【功效】补益肝肾，涩精固脱。
【挑选】以表面紫红色、皱缩、有光泽、顶端有圆形宿萼痕、质柔软者佳。
【禁忌】素有湿热而致小便淋涩者忌服。

鹿茸

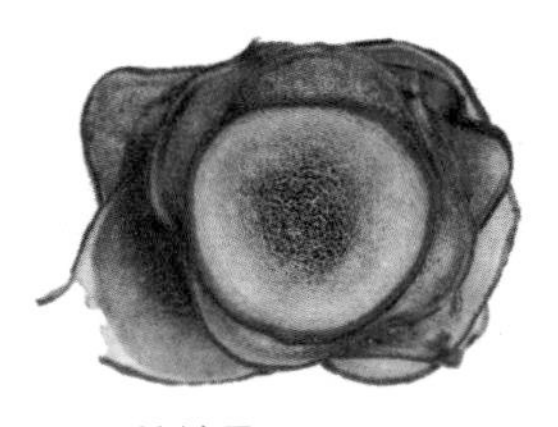

【功效】补精助阳，强筋健骨。
【挑选】以体轻、断面蜂窝状、组织致密者为佳。
【禁忌】胃火盛或肺有痰热，以及外感热病者忌用。

杜仲

【功效】补肝肾，强筋骨，安胎。
【挑选】以皮厚而大、粗皮刮净、内表面暗紫色、断面银白橡胶丝多而长者为佳。
【禁忌】阴虚火旺者慎用。

黄精

【功效】滋阴润脾，补益肾精。
【挑选】以块大肥润、色黄、断面呈角质透明者为佳。
【禁忌】中寒泄泻，痰湿痞满气滞者忌用。

熟地黄

【功效】补血养阴，生精益髓。
【挑选】块状或片状，以肥大、软润、内外乌黑有光泽者佳。
【禁忌】脾胃虚弱、气滞痰多、腹满便溏者忌用。

特效食材推荐

山药

【功效】补脾肺肾，固精止带。
【挑选】以有一定分量、带有须毛、横切面肉质雪白色者为佳。
【禁忌】患感冒、大便燥结者及肠胃积滞者忌用。

黑芝麻

「功效」补血明目，益肝养肾。
「挑选」以表面黑色、平滑或有网状纹、尖端有棕色点状种脐者为佳。
「禁忌」慢性肠炎、便溏腹泻者忌食。

黑豆

「功效」补肾益阴，健脾利湿。
「挑选」黑而有光泽，附着一层白霜，里面豆瓣为青色者佳。
「禁忌」儿童及肠胃功能不良者不要多吃。

羊肉

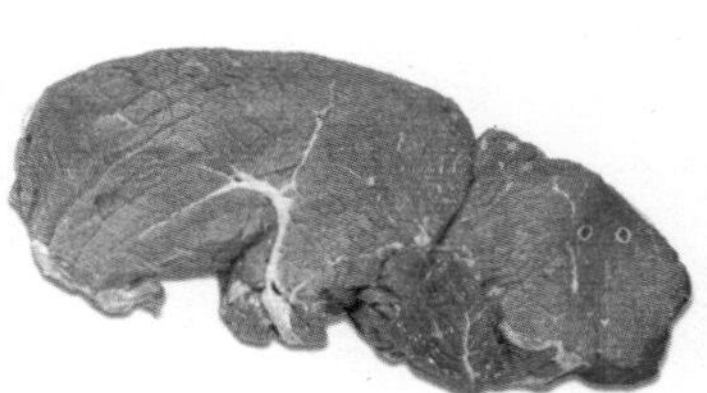

「功效」温补气血，助阳益精。
「挑选」肉色鲜红均匀、有光泽、肉细而紧密、有弹性、不粘手者佳。
「禁忌」外感病邪和素体有热者不宜。

韭菜

「功效」止汗固涩、补肾助阳。
「挑选」以韭叶上带有光泽、不下垂、结实而新鲜水嫩者为佳。
「禁忌」阴虚火旺者不宜多食。

肾阴虚

中医认为“肾主水”，掌控身体里的水液平衡和藏精。如果出现肾阴虚，就会有腰膝酸痛、遗精盗汗等各种虚证。

对症药材

1. 枸杞子
2. 熟地黄
3. 何首乌
4. 山药
5. 阿胶
6. 玄参

枸杞子

对症食材

1. 乌鸡
2. 黑豆
3. 板栗
4. 海带
5. 香菇
6. 紫菜

黑豆

健康诊所

病因探究 肾阴虚是肾脏阴液不足表现的症候，现代说法为供给中枢神经、泌尿生殖系统的营养物质不足。多由久病伤肾，或禀赋不足、房事过度，或过服温燥劫阴而造成。

症状剖析 腰膝酸疼，眩晕耳鸣，失眠多梦，男子阳强易举、遗精，妇女经少经闭，或见崩漏，形体消瘦，潮热盗汗，五心烦热，咽干颧红，溲黄便干，舌红少津，脉细数。

本草药典

枸杞子

性味 味甘，性平。

挑选 红色或紫红色，质柔软、味甜，大小均匀者佳。

禁忌 患有高血压且性情急躁者不宜食用。

功效

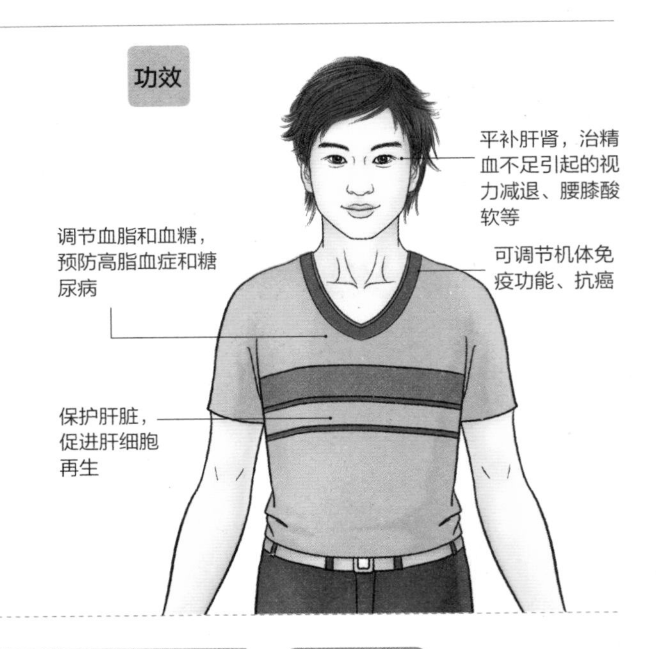

饮食宜忌

宜

- 肾阴虚者，饮食中应多吃清凉食品，少吃热性伤肾的食品。
- 宜经常食用金银花、绿豆、银耳、莲子、决明子、鱼汤、蛤蜊等进行滋补祛火。
- 吃食物不要过于精细，多吃全谷类食物，如玉米、大麦、燕麦等，其中的维生素B_1，可缓解肾阴虚引起的手脚心发热、无力的症状。

保健小提示

- 肾阴虚的人注意不可纵欲，有节制的性生活对补足亏虚的肾阴有益。平时多出去活动，多运动锻炼，保证休息时间，不熬夜，不抽烟、喝酒，都有利于补肾。

山药芡实素肠粥

材料：

【药材】山药50克，芡实50克。

【食材】粳米100克，素肠80克，植物油10克，盐2克。

做法：

1. 山药、芡实、粳米分别洗净，粳米与芡实浸泡15分钟，三者一起放入砂锅中熬煮半小时。
2. 素肠洗净，切小段。
3. 炒锅放油烧热后，倒入素肠翻炒片刻。
4. 将炒好的素肠倒入粥锅中，续熬10分钟，加盐调味即可。

本草详解

芡实是一味常见中草药，其味甘、涩，性平，有益肾固精、健脾止泻、除湿止带的作用。清代医家陈士铎曾说："芡实止腰膝疼痛，令耳目聪明，久食延龄益寿，视之若平常，用之大有利益，芡实不但止精，而亦能生精也，去脾胃中之湿痰，即生肾中之真水。"

药膳功效

本药膳中的山药、芡实都有滋阴补肾、调养身体的作用，是肾阴虚者的食疗佳品。其中，山药可补五脏，脾、肺、肾兼顾，益气养阴，又兼具涩敛之功。

何首乌黑豆煲鸡爪

材料：

【药材】何首乌10克，黑豆20克，大枣5颗。

【食材】鸡爪8只，猪瘦肉100克。

做法：

1. 鸡爪剁去趾甲洗净备用；大枣、何首乌洗净备用。
2. 猪瘦肉洗净，黑豆洗净放锅中炒至豆壳裂开。
3. 全部用料放入煲内，加适量清水煲3小时，加盐调味即可。

药膳功效

这道菜具有补肾益阴、健脾利湿、除热解毒等功效，可以治疗肾虚阴亏、消渴多饮、尿频、肝肾阴虚、头晕目眩、视物昏暗或须发早白、脚气水肿等症状，同时对湿痹拘挛、腰痛、腹中挛急作痛、泻痢腹痛、服药中毒和饮酒过多等都有很好的疗效。

何首乌枸杞煲乌鸡

材料：

【药材】何首乌1根，枸杞子10克。

【食材】乌鸡1只，瘦肉200克，姜3片，盐5克。

做法：

1. 何首乌和枸杞子用清水浸泡15分钟，再清洗干净。
2. 锅中放入适量清水，大火烧沸后将姜片、乌鸡和瘦肉放入，氽煮约2分钟，再取出沥干水分。
3. 煲中放入适量热水，大火烧沸后将乌鸡、瘦肉、何首乌、枸杞子和烧酒放入。
4. 大火煲煮25分钟后，转小火继续慢慢煲煮4小时，最后加盐调味即可。

大枣荸荠汤

材料：

【药材】大枣（去核）6颗。

【食材】荸荠6颗（约75克），生豆皮1张（约15克），冰糖2大匙。

做法：

1. 大枣洗净，稍微泡软；生豆皮用水泡软，再换水将生豆皮漂白，捞起后沥干水分；荸荠洗净，削除外皮，备用。
2. 荸荠、大枣和水700毫升放入锅中，用大火煮滚后，转小火熬煮20分钟。
3. 放入生豆皮，再煮5分钟，最后放入冰糖煮至溶化后即可。

药膳功效

本药膳中荸荠具有凉血解毒、解热止渴、利尿通便、化湿祛痰、消食除胀等功效；大枣能补中益气、养血安神。两者合用使得本药膳能够滋补肝肾、益精血、润肠凉血、清热解毒。

食材百科

荸荠的含磷量非常高，对牙齿和骨骼的发育有很大的好处，适合儿童和老年人食用。它既可清热生津，又可补充营养，最宜患热证者食用。可主治热病消渴、黄疸、目赤、外感风热、咽喉肿痛、小便短赤等病症。

板栗香菇焖鸡翅

材料：

【药材】无。

【食材】板栗300克，香菇6朵，鸡翅50克，姜4片，香菜适量，料酒、淀粉各2小匙，蚝油1大匙，盐1小匙。

做法：

❶ 板栗用水烫过冲凉，剥壳备用；香菇去蒂后，泡水；将鸡翅剔除骨头，冲洗掉血水，剁成块，然后加入淀粉、蚝油、盐腌25分钟左右。

❷ 开火，加油至锅中烧热，加入备好的板栗肉翻炒，然后加入备好的香菇、鸡翅、生姜片一起炒熟透。

❸ 加入适量开水、蚝油、盐，焖10分钟起锅撒上香菜即可。

养生黑豆奶

材料：

【药材】生地黄8克，玄参、麦冬各10克。

【食材】黑豆200克，清水1800毫升，细砂糖30克。

做法：

❶ 黑豆洗净，浸泡约4小时至豆子膨胀，沥干水分备用。

❷ 全部药材放入棉布袋，置入锅中，以小火加热至沸腾约5分钟后，滤取药汁备用。

❸ 将黑豆与药汁混合，放入果汁机内搅拌均匀，过滤出黑豆浆倒入锅中，以中火边煮边搅拌至沸腾，最后加糖即成养生黑豆奶。

食材百科

肾虚的人可食用黑豆祛风除热、调中下气。常食黑豆还能软化血管，降低血液中的胆固醇，特别是对高血压、心脏病等患者有益。黑豆还能解毒利尿，可以有效缓解尿频、腰酸、女性白带异常及下腹部阴冷等症状。不过，黑豆炒熟后，因其热性较大，不宜多食。

肾阳虚

肾阳虚与现代医学的神经内分泌免疫系统有关，肾阳虚是下丘脑一垂体一靶腺轴不同环节、不同程度的功能紊乱。

对症药材		对症食材	
❶ 锁阳	❹ 菟丝子	❶ 羊肉	❸ 韭菜
❷ 杜仲	❺ 黄芪	❷ 海参	❹ 甲鱼
❸ 冬虫夏草	❻ 肉苁蓉		

肉苁蓉

甲鱼

健康诊所

病因探究 肾阳虚主要的发病环节在下丘脑的调节功能紊乱。随着年龄的增长，身体的阳气会逐渐被消耗。老年人的生理改变和肾阳虚甚为相似，如果年轻人出现肾阳虚也意味着一定程度上的未老先衰。

症状剖析 腰膝酸软，畏寒肢冷，头目眩晕，精神萎靡；面色白，舌淡胖苔白；男性可出现阳痿，妇女宫寒不孕；腹泻伴有浮肿，腹部胀痛，心悸咳喘；易患骨质疏松、颈椎病、腰椎病。

本草药典

锁阳

性味 味甘，性温。

挑选 质地坚实、易折断、断面棕色或黑棕色、气微香而特异、味微苦涩者佳。

禁忌 阴虚阳亢、脾虚泄泻、实热便秘者忌用。

功效

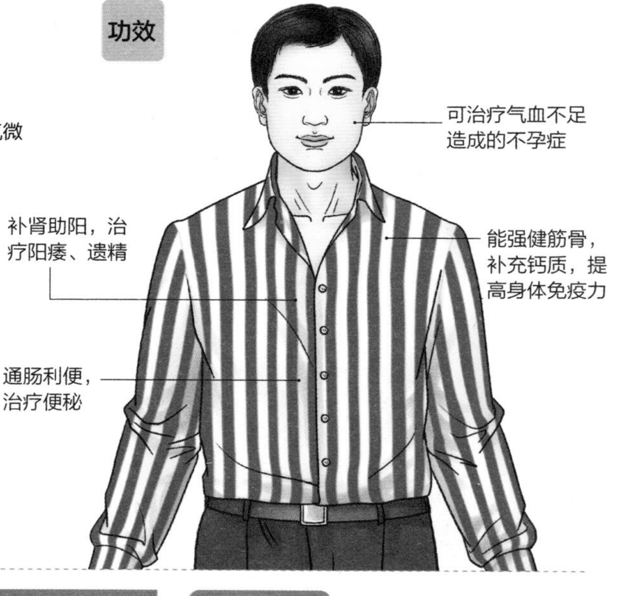

饮食宜忌

宜

- 宜温补忌清补，宜食属性温热的食物和温阳散寒的食物、热量较高而富有营养的食物。

忌

- 忌吃生冷之物，忌吃各种冷饮，以及生冷瓜果，少吃不易消化的食物。
- 阳虚泄泻还需忌食润下通便的食物，如核桃仁、芝麻、海虾等。
- 便秘的人则应少吃石榴、芡实、乌梅等。

保健小提示

- 按摩肾俞穴有很好的护肾阳的作用。临睡前取坐姿，提缩肛门数十次，然后双手掌贴于肾俞穴、中指正对命门穴，做环形摩擦120次；还可以配合交替按摩位于足底的涌泉穴，效果更好。

药膳功效

本药膳能滋补肝肾，强壮筋骨，对治疗肾虚腰痛、肾虚阳痿、尿频等非常有效，适合老年人常食用。此外，本药膳还能补益气血、改善更年期状况，也适合更年期妇女食用。

杜仲炖排骨

材料：

【药材】杜仲10克，黄芪10克，枸杞子10克，当归3克，大枣（无核）15克。

【食材】胡萝卜50克，排骨400克，大葱8克，姜5克，黄酒15克，盐3克，鸡精2克。

做法：

1. 将排骨洗净斩成寸段，焯水捞出沥干。
2. 胡萝卜洗净去皮切成滚刀块。
3. 杜仲、黄芪、枸杞、当归、大枣洗净待用；
4. 葱姜分别洗净切段、片备用。
5. 锅内倒入适量清汤，放入排骨、杜仲、黄芪、枸杞子、当归、大枣、葱段、姜片、黄酒，大火烧开。
6. 改小火慢煲2小时，放入胡萝卜煲30分钟，加盐、鸡精调味即可。

食材百科

杜仲性温，味甘微辛，为补阳药的一种，有补肝肾、强筋骨、安胎的效用，能改善肝肾不足之腰膝酸痛，也有减少胆固醇、降低血压等功效。

枸杞韭菜炒虾仁

材料：

【药材】枸杞子10克。

【食材】虾200克，韭菜250克，盐5克，味精3克，料酒、淀粉各适量。

做法：

1. 将虾去壳洗净，韭菜洗净切段，枸杞子洗净泡发。
2. 将虾抽去泥肠，放淀粉、盐、料酒腌5分钟。
3. 锅置火上，油烧热，放入虾仁、韭菜、枸杞子和调味料，炒至入味即可。

药膳功效

此药膳中虾仁有补肾壮阳、通乳、滋阴、健胃的功效，对肾阳不足、体虚乏力、乳汁不下等有一定的疗效；韭菜具有提振食欲、通便、杀菌、补肾温肠的作用。两种食材搭配还有很好的补气助阳的功效。

冬虫夏草鸡

材料：

【药材】冬虫夏草5～10枚。

【食材】公鸡 1 只，姜、葱、精盐、味精各适量。

做法：

1. 将公鸡烫洗、去毛，内脏去除干净，并剁成若干块，备用。
2. 将切好的鸡块汆烫，去除鸡肉上残留的血丝，然后将汆烫好的鸡块放在锅中，添入适量水，用大火煮开。
3. 水开时，加入冬虫夏草和各种调味料；然后添加少量水，用小火将鸡肉煮熟即可。

药膳功效

本品对于补肾益阳有很好的疗效，可以改善身体虚冷、四肢无力、失眠盗汗等病症，特别对于男性阳痿，以及由遗精所引起的腰酸腿软、心悸气短等症状有很好的治疗效果。此外，长期服食还可以提高机体免疫力，是极好的补气药膳。

本草详解

冬虫夏草能同时调整阴阳，主治肾虚引起的阳痿遗精、腰膝酸痛，病后虚弱，久咳虚弱。不过，儿童、孕妇、感冒发烧、脑出血人群不宜食用。冬虫夏草以表面深棕色、色泽黄亮、丰满肥大者为佳。

虫草大枣炖甲鱼

材料：

【药材】冬虫夏草10枚，大枣10颗。

【食材】甲鱼1只，料酒、精盐、味精、葱、姜片、蒜瓣、鸡汤各适量。

做法：

1. 将甲鱼切成若干块，备用；冬虫夏草洗净，大枣用开水浸泡透后备用。
2. 将备好的甲鱼放入砂锅中，添水煮沸，然后捞出备用。
3. 在锅中放入甲鱼、冬虫夏草、大枣，然后加入料酒、盐、味精、葱姜、蒜、鸡汤炖2小时左右，取出即可。

药膳功效

这道菜可以益气补血、调补阴阳，对于久病体虚所导致的气血不足者，是极好的滋补佳品，还能增强免疫力。男性食用可以温补肾气、助生精髓，改善精气衰弱、治疗阳痿早泄、四肢无力、遗精、虚软、气虚体乏等症状。

苁蓉海参鸽蛋

材料：

【药材】肉苁蓉15克。

【食材】水发海参2个，鸽蛋12颗，猪油50毫升，花生油、葱、蒜、胡椒粉、味精、淀粉、鸡汁各适量。

做法：

1. 将海参处理，氽熟；鸽蛋煮熟，去壳；肉苁蓉煎汁备用。鸽蛋沾淀粉，炸至金黄色，备用。
2. 锅中放猪油，投下葱、蒜爆香，加鸡汁稍煮，再加调味料和海参，煮沸后用小火煮40分钟，再加鸽蛋、苁蓉汁，煨煮。
3. 将余下的汤汁做成芡汁，淋上即成。

药膳功效

本品是补肾助阳的上品，对于肾虚所引起的神经衰弱、体倦、腰酸、健忘、听力减退等症状都有相当显著的疗效。本品虽药性温和，但对于肾虚、阳痿、早泄、汗虚等病症疗效显著。但大便溏泄、湿热便秘者不宜食用。

菟丝子烩鳝鱼

材料：

【药材】生地黄12克，菟丝子12克。

【食材】鳝鱼250克，肉250克，竹笋10克，黄瓜10克，木耳3克，酱油、味精、盐、淀粉、米酒、胡椒粉、姜末、蒜末、香油、白糖各适量，蛋清 50克，高汤少许。

做法：

1. 将菟丝子、生地黄煎两次，过滤取汁。
2. 鳝鱼肉切成片，加水、淀粉、蛋清、盐煨好。笋切片；黄瓜切方片；木耳泡发。
3. 将鳝鱼片放温油中划开，待鱼片泛起，将鳝鱼捞起。
4. 另起锅放油，炸蒜末、姜末，除香油、胡椒粉外的剩余食材全部放入，稍煮，淋香油出锅，撒上胡椒粉即可。

药膳功效

这道菜具有滋补肝肾、固精缩尿、明目、止泻的作用，适用于阳痿遗精、遗尿、频尿、腰膝酸软、目昏耳鸣、肾脾虚弱等症状。鳝鱼味美且有药用价值，有补五脏、疗虚损的功效，是药膳中常用的滋补食材。

肾寒

中医认为“肾藏精”。先天之精禀受于父母，主掌生育繁殖；后天之精则是由水谷精微生化而来，主掌生长发育。

对症药材		对症食材	
①鹿茸	④丁香	①鸡肉	④骶骨
②益智仁	⑤附子	②羊肉	⑤黑芝麻
③核桃仁	⑥肉苁蓉	③南瓜	⑥猪肉

鹿茸

黑芝麻

健康诊所

病因探究 现代人压力很大，平时生活中，由于紧张和焦虑等情绪，会引起身体里阴阳不调而出现肾寒，建议多采用温肾固精的方法来调养。

症状剖析 肾寒者多表现出如下症状：小腹胀满、肋下疼痛、小便频数、遗尿、阳痿、遗精、腰膝冷痛、肾虚、命门火衰。

本草药典

益智仁

性味 性味 味辛，性温。

挑选 以颗粒大、均匀、饱满、色红棕、无杂质、气味浓者为佳。

禁忌 阴虚火旺或热证尿频、遗精、多涎者忌用。

功效

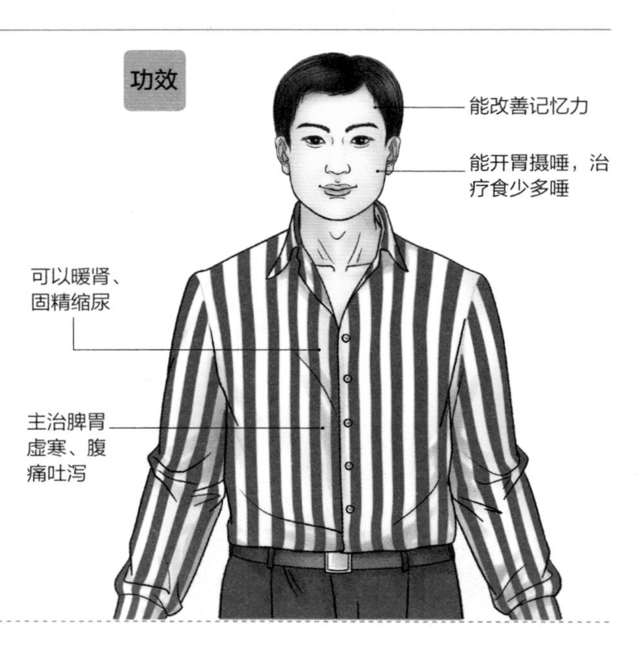

饮食宜忌

宜

- 可食用芡实，具有健脾止泻、固肾涩精的功效，为收敛性强壮食物。
- 还可多食芝麻，其味咸，性温，有温肾固精、益气补虚功效。
- 平时多吃一些温热的食物，如羊肉、红糖、姜等。

忌

- 忌食寒凉食物。

保健小提示

- 晚上用热水泡脚，每次15～20分钟，每日坚持。擦干后用捏、拍、按的手法按摩脚底和脚趾，3～5分钟。每天中午坚持做扭腰运动，并用双手手掌搓后腰，直到感觉发热。

三味羊肉汤

材料：

【药材】杜仲15克，附子18克，熟地黄9克。

【食材】羊肉250克，葱、姜、盐各适量。

做法：

1. 将羊肉洗净，切成小块，备用；将杜仲、附子、熟地黄放入事先备好的棉布包中，用细线绑好。
2. 将所有的材料放入锅中，加入适量的水，大约盖过所有材料。
3. 用大火煮沸，再转成小火慢慢炖煮至熟烂，起锅前拣去药材包，加入调味料调味即可。

鹿芪煲鸡汤

材料：

【药材】鹿茸2克，黄芪20克。

【食材】鸡肉500克，瘦肉300克，生姜10克，盐5克，味精3克。

做法：

1. 将鹿茸片放置清水中洗净；黄芪洗净；生姜去皮、切片；瘦肉切成厚块。
2. 将鸡洗净剁成块，放入沸水中，氽烫去除血水后捞出。
3. 锅内注入适量水，放入所有材料，大火煲沸后再改小火煲3小时，加入调味料即可。

本草详解

黄芪能补气健脾、升阳举陷、益卫固表、利尿消肿、托毒生肌，是一种常见的补气良药，对脾气虚、肺气虚效果显著。黄芪常与党参、白术等补气健脾药配伍治疗久泻脱肛、内脏下垂等；与紫苑、款冬花、杏仁等配伍治疗咳喘之症。

黑芝麻山药糊

材料：

【药材】山药250克，何首乌250克，黑芝麻250克。

【食材】白糖适量。

做法：

❶ 将黑芝麻、山药、何首乌均洗净、晒干、炒熟，研成细粉，分别装瓶备用。（剩下的材料需放于阴凉、干燥处。）

❷ 再将三种粉末一同盛入碗内，加入开水调匀。可根据个人口味，调成黏状或是稍微稀点的糊汁。最后加入白糖，调匀即可。

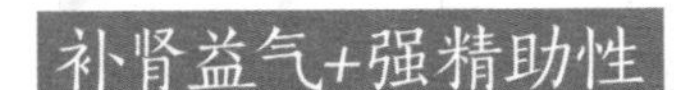

药膳功效

此汤可以补肾健脾、益气强精，适用于阳痿早泄、性欲减退、风湿酸痛、筋骨无力等症状。黄精则可以补中益气，润心肺、强筋骨。

苁蓉黄精骶汤

材料：

【药材】肉苁蓉15克，黄精15克。

【食材】猪尾骶骨1副，罐头白果1大匙，胡萝卜1段，盐1小匙。

做法：

❶ 猪尾骶骨洗净，放入沸水中汆烫，去掉血水，备用；胡萝卜削皮、冲净、切块备用。

❷ 将除白果外的材料一起放入锅中，加水至盖过所有材料。

❸ 大火煮沸，再转用小火续煮约30分钟，加入白果再煮5分钟，加盐调味即可。

本草详解

肉苁蓉可促进性欲、刺激精子生长和精液分泌，并可调节男性生殖系统的神经内分泌。肉苁蓉配熟地黄、菟丝子、山萸肉等，可治肾虚阳痿、遗精、早泄；与火麻仁、柏子仁等药同用可治肠燥便秘。

五子下水汤

材料：

【药材】蒺藜子、覆盆子、车前子、菟丝子、茺蔚子各10克。

【食材】鸡内脏（含鸡肺、鸡心、鸡肝）、葱、姜各适量。

做法：

1. 将所有鸡内脏洗净、切片备用；姜洗净、切丝；葱去根须，洗净，切丝。
2. 将药材放入纱布包中，扎紧，放入锅中；锅中加适量水，至水盖住所有材料，用大火煮沸，再转成文火继续煮约20分钟。
3. 转中火，放入鸡内脏、姜丝、葱丝，待内脏煮熟后，取出药材包，加入盐调味即可。

本草详解

车前子呈椭圆形，稍扁，表面棕褐色或黑棕色，以粒大、色黑、饱满者为佳。每日用车前子9克，水煎当茶饮，可治疗高血压；将车前子炒焦研碎口服，每次0.5克，每日2~3次，可治疗小儿单纯性消化不良。

附子蒸羊肉

材料：

【药材】附子30克。

【食材】鲜羊肉1000克，葱、姜、料酒、葱段、肉清汤、食盐、熟猪油、胡椒粉各适量。

做法：

1. 将羊肉洗净，放入锅中，加适量清水将其煮至七分熟，捞出。
2. 取一个大碗依次放入羊肉、附子，以及姜片、料酒、熟猪油、葱段、肉清汤、胡椒粉、食盐等调味料。
3. 再放入沸水锅中隔水蒸熟即可。

药膳功效

本药膳能温肾壮阳，适用于肾阳不足、阳痿滑精或阳虚水泛、尿少水肿等症状。附子具有回阳救逆、补火助阳、散寒祛湿的功效，主治虚脱、四肢厥冷、胃腹冷痛、肾虚水肿等。附子与羊肉同食，其补益的效果更为显著。

腰膝酸软

当人肾虚的时候，不仅生殖发育会受到影响，包括体力、精神都会发生相应的变化。最明显的就是出现精力不济和腰膝酸痛。

对症药材		对症食材	
❶ 续断	❹ 枸杞子	❶ 板栗	❹ 香菇
❷ 杜仲	❺ 巴戟天	❷ 排骨	❺ 羊肉
❸ 菟丝子	❻ 锁阳	❸ 黑豆	❻ 猪腰

枸杞子

香菇

健康诊所

病因探究 腰膝酸软是中医上所说的肝肾亏损的一种症状。肝肾亏虚的原因主要有两方面，一方面是外邪侵入后留滞于体内，其损伤程度日渐加深，累及肝肾；另一方面过劳受损，包括劳神、劳力及房事过度，都会耗伤肾精。

症状剖析 中医讲虽然病存于五脏六腑，但现于四肢五官，肾虚的症状在情志方面表现为情绪不佳，常难以自控，头晕易怒，烦躁焦虑，引发抑郁等。躯体上表现为有面色发白、怕冷喜温、腰腿疼痛。

本草药典

杜仲

性味 味甘，性温。

挑选 以皮厚而大、粗皮刮净、内表面暗紫色、断面银白橡胶丝多而长者为佳。

禁忌 生用效果更好，阴虚火旺者慎用。

功效

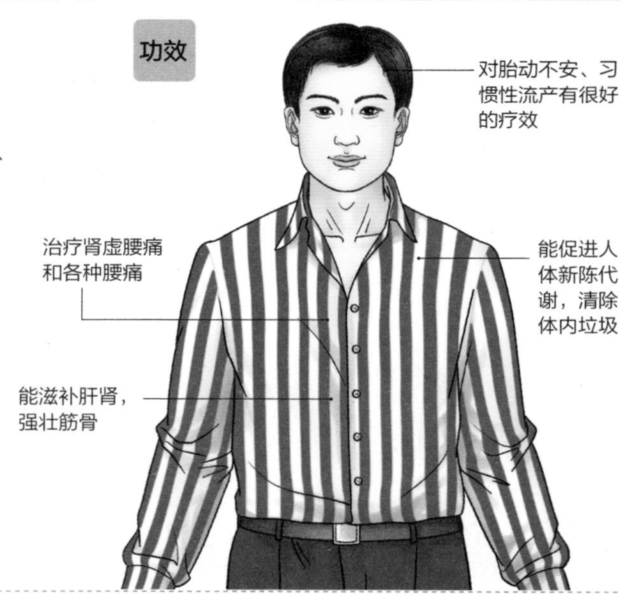

饮食宜忌

宜

- 中老年人腰膝酸软，应多吃含铁和钙丰富的食物，预防骨质疏松的发生。
- 宜多食芝麻、核桃仁，芝麻中含有人体所需的多种营养，氨基酸的含量丰富。
- 可以适当选用羊肉、牛肉等具有驱寒功效的食物进行温补和调养。

忌

- 少食偏凉性的食物。

保健小提示

- 改善腰膝酸软，有以下两种方法。揉腿肚：以双手掌紧夹一侧小腿肚，边转动边搓揉，每侧揉动20次左右，换腿重复。扳足：取坐位，两腿伸直，以两手扳足趾和足踝关节各30次。

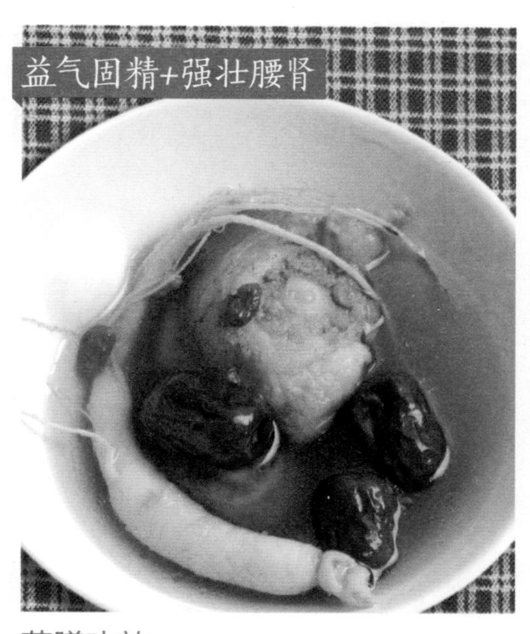

强精党参牛尾汤

材料：

【药材】黄芪15克，党参24克，当归18克，大枣30克，枸杞子18克。

【食材】牛尾1根，牛肉250克，牛筋100克，盐适量。

做法：

1. 将牛筋用清水浸泡30分钟左右，再下水清煮15分钟左右。
2. 牛肉洗净，切块；牛尾剁成寸段，备用。
3. 将所有的材料放入锅中，加适量的水，大约盖过所有的材料，用大火煮沸后，转小火煮2小时，调味即可。

药膳功效

此汤可补肾养血、益气固精，对于肾虚引起的男子阳痿不举等性功能障碍、腰膝酸软等症状都有一定的疗效。而且，此汤还可以提升体力、增强机体免疫力，从根本上调理元气，促进性激素分泌。牛尾具有强壮腰肾、益补的功效，是不可多得的滋补佳品。

巴戟天黑豆鸡汤

材料：

【药材】巴戟天15克，黑豆100克。

【食材】胡椒粒15克，鸡腿1只，盐1小匙。

做法：

1. 将鸡腿洗净、剁块，放入沸水中汆烫，去除血水。
2. 黑豆淘洗干净，与鸡腿、巴戟天、胡椒粒一起放入锅中，加水至盖过所有材料。
3. 用大火煮开，再转成小火继续炖煮约40分钟。快煮熟时，加入调味料即成。

药膳功效

本药膳强筋骨、驱寒湿的效果很好，可以改善体虚乏力、腰膝酸软等症状。因其有温肾的作用，所以也适用于治疗由肾阳虚寒而导致的小便失禁、小便频繁等症状，是极好的补肾菜品。

药膳功效

本药膳能敛精强精、补肾止遗，特别适合有阳气亏损、四肢冷痹症状的人服用。

锁阳羊肉汤

材料：

【药材】锁阳9克。

【食材】生姜3片，羊肉250克，香菇5朵。

做法：

1. 将羊肉洗净切块，放入沸水中汆烫一下，捞出，备用；香菇洗净，切丝；锁阳、生姜洗净备用。
2. 将所有的材料放入锅中，加适量水。
3. 大火煮沸后，再用小火慢慢炖煮至软烂，大约50分钟左右，起锅前加入适当的调味料即可。

食材百科

羊肉温补脾胃，用于治疗脾胃虚寒所致的反胃、身体瘦弱、畏寒等症；温补肝肾，用于治疗肾阳虚所致的腰膝酸软冷痛、阳痿等症；补血温经，用于产后血虚经寒所致的小腹冷痛。

鹿茸枸杞蒸虾

材料：

【药材】鹿茸10克，枸杞子10克。

【食材】大虾500克，米酒50毫升。

做法：

1. 大虾剪去须脚，在虾背上划开，以挑去泥肠，用清水冲洗干净，备用。
2. 鹿茸去除绒毛（也可用鹿茸切片代替），与枸杞子一起用米酒泡20分钟左右。
3. 将备好的大虾放入盘中，浇入鹿茸、枸杞子和米酒。
4. 将盘子放入沸水锅中，隔水蒸8分钟即成。

药膳功效

鹿茸可温肾壮阳、强筋健胃、生精益血，可用于改善性机能，治疗男子阳痿、精血两亏；女性虚寒白带、久不受孕等病症，与补肾壮阳的虾同食，可更有效地发挥其补肾益阳的效果。本菜品可有效地改善遗精、阳痿、腰酸腿软、虚寒怕冷的症状，对于提升精子质量很有效果。

三仙烩猪腰

材料：

【药材】当归、党参、山药各10克。

【食材】猪腰500克，酱油、葱丝、蒜末、醋、姜丝、香油各适量。

做法：

1. 将猪腰洗净切开，去除筋膜和臊线，处理干净放入锅中，加当归、党参、山药，再加适量清水直到盖过所有材料。
2. 将猪腰炖煮至熟透为止，捞出猪腰，待冷却后分切成薄片，摆放在盘中。
3. 在猪腰上浇上酱油、醋、葱丝、姜丝、蒜末、香油等调味料调味即可。

药膳功效

本药膳中当归、党参、山药都是补气养血的中药材，三味合用有很好的益气养肾的作用。再加上猪腰的滋补作用，对治疗腰膝酸软无力有很好的效果。

食材百科

猪腰对肾虚有很好的补益作用，对男性而言能补益精气，治疗肾虚。此外，猪腰还适宜女性食用，加葱姜、白米煮粥，可治产后虚汗、发热、肢体疼痛。

板栗排骨汤

材料：

【药材】板栗250克。

【食材】排骨500克，胡萝卜1根，盐1小匙。

做法：

1. 将板栗剥去壳放入沸水中煮熟，备用；胡萝卜削去皮、冲净，切成小方块。
2. 排骨洗净放入沸水氽烫，捞出备用；之后将所有的材料放入锅中，加水至盖过材料。
3. 大火煮开后，再改用小火煮30分钟左右，煮好后加入适当的调味料即可。

药膳功效

本药膳可以益气血、养胃、补肾、健肝脾，还有治疗腰腿酸疼、舒筋活络的功效。排骨可以补血益气，板栗中的钾有助于维持正常心跳规律，膳食纤维还能润肠通便。

食材百科

经常食用板栗能补脾健胃、补肾强筋、活血止血。板栗对肾虚有良好的食补作用，特别适合老年肾虚、大便溏泻者食用，被称为“肾之果”。但板栗生吃不易消化，熟食过多则易滞气，所以最好在两餐之间把板栗当成零食，或配在饭菜里吃。

肾气虚

人体中的气存在于五脏六腑，包括胃气、肺气、肝气、肾气，等等。其中肾气主管人的生长发育和生殖机能，肾气不足就需要益气养肾。

对症药材		对症食材	
❶ 枸杞子	❹ 巴戟天	❶ 鸡蛋	❹ 虾
❷ 海马	❺ 核桃仁	❷ 板栗	❺ 海参
❸ 山药	❻ 黄芪	❸ 鸡肉	❻ 香菇

黄芪

海参

健康诊所

病因探究 肾气虚，即肾气化生不足。肾气虚与肾阳虚有一定的关系，只是程度有所不同，肾气虚严重者可以发展为肾阳虚；反过来肾阳虚可以好转为肾气虚，继而渐渐痊愈。

症状剖析 男性常见的症状有滑精早泄，尿后滴沥不尽，小便次数多而尿液清白，还会伴有腰膝酸软、听力减退、乏力气短、腿脚沉重、手脚冰凉等症状。

本草药典

核桃仁

性味 味甘，性温。

挑选 仁片张大，色泽白净，含油量高者佳。

禁忌 阴虚火旺、大便溏泄者应少食或忌食核桃仁。

功效

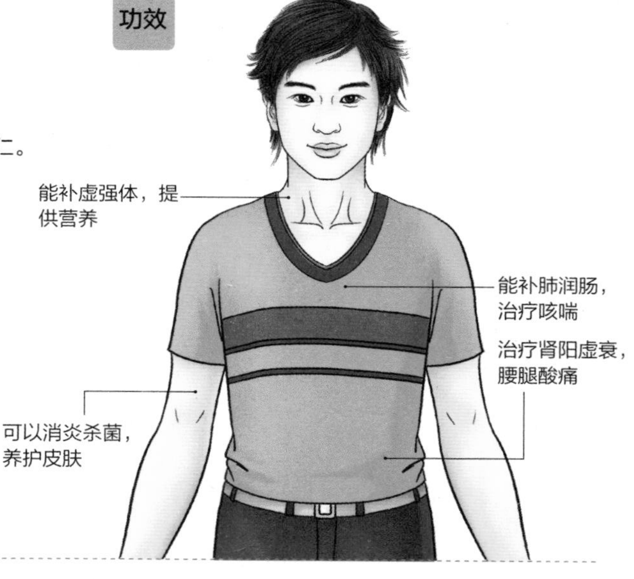

饮食宜忌

宜 平时的食物可以多吃核桃、灵芝、韭菜、羊肉、狗肉、猪腰、牛肉、枸杞子、板栗、鸡肉等。

忌 避免吃寒凉的食物，如冷饮，或者香蕉、火龙果、海带等。

保健小提示

肾气虚的人可以选择按摩来调养。在太渊穴、内关穴、肾俞穴，以及关元穴、照海穴、血海穴，用拇指或者食指，稍微用力垂直点按，每天早晚各一次，每个穴位每次点按170下。

海鲜山药饼

材料：

【药材】黄精15克，枸杞子10克。

【食材】虾仁35克，鲜干贝2颗，乌贼50克，菜花1朵，玉米粒3大匙，玉米粉1/3匙，奶粉1大匙，山药粉2/3杯，盐适量，色拉油1大匙。

做法：

1. 黄精洗净，用水煮滚，转小火熬出汤汁备用；虾仁洗净去泥肠；枸杞子洗净，泡发；干贝、乌贼、菜花分别洗净，切小丁。
2. 药汤与备好的菜丁，以及奶粉、色拉油等所有材料一起搅匀，做成面糊，煎成金黄色即可。

药膳功效

山药中含有消化酶，能促进蛋白质和淀粉的分解，是消化不良者的保健品。它还具有补脾益肾、养肺、止泻、敛汗之功效，是很好的进补“食物药”。此外，海鲜也有滋补功效，和山药同食，可以更有效地发挥其补肾益阳的效果。

海马虾仁童子鸡

材料：

【药材】海马10克。

【食材】虾仁15克，童子鸡1只，米酒、葱段、蒜、味精、盐、生姜、淀粉、清汤各适量。

做法：

1. 将童子鸡处理干净，洗去血水，然后放入沸水中氽烫煮熟，剁成小块备用。
2. 将海马、虾仁用温水洗净，泡10分钟，放在鸡肉上。
3. 加入白葱段、生姜、蒜及鸡汤适量，上笼蒸烂，把鸡肉扣入碗中，加入调味料后，再淋上淀粉水勾芡即成。

药膳功效

此菜品可以促进精子的生成与活力，更可增进性腺机能、增强抵抗力、补充体力与活力，对肾气虚弱所导致的性功能衰退有明显的治疗效果。

药膳功效

此粥可以滋补肾气，改善体虚气短、腰酸腿软等症状，对于刺激性激素分泌、防止性功能衰退、提高生育能力有很大帮助。正常人服用也可以起到补充体力、增强体质、提高抗病能力的作用。

板栗枸杞粥

材料：

【药材】枸杞子100克。

【食材】板栗200克，盐6克，大米100克。

做法：

❶ 将大米用清水淘洗干净；板栗用水烫过冲凉，剥壳备用。

❷ 在砂锅中加入清水，投入备好的板栗和大米，用小火一起熬煮成粥。大约需要70分钟。

❸ 快煮好时撒上枸杞子，加入调味料，然后再煲煮入味即可。

食材百科

板栗能补脾养胃、强肾补筋、活血止血，可用于辅助治疗食欲不振、反胃和慢性腹泻，还能预防高血压、冠心病、动脉硬化等疾病。板栗炖羊肉是营养丰富的滋补美食。

巴戟天海参煲

材料：

【药材】巴戟天15克，白果10克。

【食材】海参300克，绞肉150克，胡萝卜80克，白菜1棵，盐5克，酱油3克，白胡椒粉少量，醋6克，糖适量，淀粉5克。

做法：

❶ 海参洗净，去掉海参腔肠，汆烫后捞起，切大块；胡萝卜切片；绞肉加盐和胡椒粉拌均匀，然后捏成小肉丸。

❷ 锅内加一碗水，将巴戟天、胡萝卜、肉丸等加入并煮开，加盐、酱油、醋、糖调味。

❸ 再加入海参、白果煮沸，然后加入洗净的白菜，再煮沸时用淀粉水勾芡后即可起锅。

本草详解

海参能补肾，益精髓，摄小便，壮阳疗痿。一般以体形大、肉质厚的刺参为上品。发好的海参保存最好不超过3天，而且要放入冰箱中。夏天吃海参，可以选择凉拌，将发好的海参用热水焯一下，切丝拌入佐料即可。

木耳核桃仁

材料:

【药材】核桃仁60克。

【食材】木耳100克，油、盐、葱、辣椒、香菜、鸡精、酱油各适量。

做法:

1. 黑木耳用清水泡软，摘去根部，撕成小朵，清洗干净。
2. 葱和辣椒切小段，香菜洗干净切小段。
3. 水烧开，把木耳和核桃仁焯一下，沥干水分。
4. 锅中放油，放入葱花和辣椒煸出香味；放入木耳和核桃仁，加酱油、盐、鸡精翻炒均匀。
5. 最后放入香菜，翻炒均匀即可。

药膳功效

核桃仁具有补肾温肺、润肠通便的作用，而木耳作为黑色食物也有助于补肾壮阳，此菜肴能补肺肾不足，对肾气不足有很好的辅助治疗效果。此外，木耳还具有养颜、纤体、抗癌的功用，核桃对脑神经和心血管有良好保健作用，两者结合可谓秋冬养生保健补血健脑的最佳菜肴。

枸杞鱼片粥

材料:

【药材】枸杞子5克。

【食材】鲷鱼30克，米饭100克，香菇丝10克，笋丝10克，高汤5克。

做法:

1. 鲷鱼去内脏，剖解、洗净，切薄片；枸杞子泡温水备用。
2. 香菇丝、高汤、笋丝、米饭放入煮锅，倒入适量清水，熬成粥状。
3. 最后加入枸杞子、鲷鱼片煮熟即可食用，调味料可根据个人口味适当添加。

药膳功效

中医认为，枸杞子具有降低胆固醇、兴奋大脑神经、增强免疫功能、抗衰老和美容、补脾肾、益精血等功效，因此吃枸杞子可以消除疲劳。本粥适宜体倦乏力、头晕眼花、腰膝酸软等患者食用，也是中老年人常用的滋补佳品。

骨质疏松

中老年人常常会出现腰痛、驼背、腿疼等症状，这就有可能是骨质疏松了。由于激素等的变化，骨质疏松多发生在更年期之后。

对症药材

1. 鹿茸
2. 牛膝
3. 五加皮
4. 杜仲
5. 续断

川牛膝

对症食材

1. 韭菜
2. 乌鸡
3. 苜蓿
4. 鱼丸
5. 木耳
6. 芹菜

芹菜

健康诊所

病因探究 肾虚是老年性骨质疏松症发病的根本原因。中医认为，肾主骨，意思就是骨骼的生长、发育、修复均有赖于肾中精气的充盈、滋养与推动。肾虚精衰，就是导致骨髓亏虚、骨骼失养。此外，脾胃虚损、肝脏虚损、心肺虚损、气血紊乱等也会导致骨质疏松。

症状剖析 骨质疏松的主要症状有：身材变矮，驼背弯腰；脊痛肢酸，活动不利；动作迟缓，易于骨折；神疲健忘，面焦形坏；耳鸣眼花，发堕齿槁等。

本草药典

五加皮

性味 味辛、苦，性温。
挑选 表皮灰棕色、折断面平坦者佳。
禁忌 阴虚火旺者慎服。

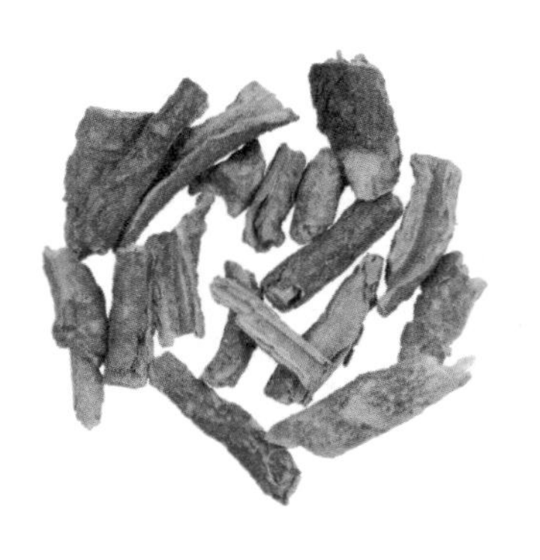

功效

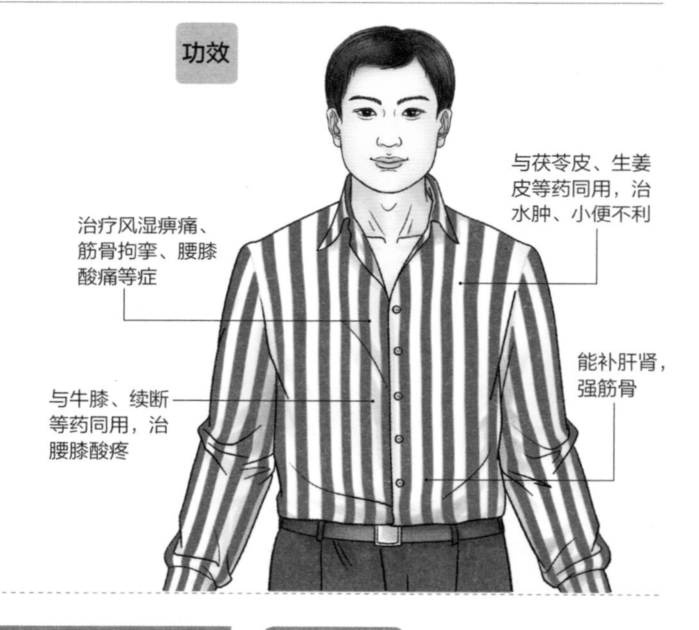

饮食宜忌

宜	多吃含钙丰富的食品，比如虾皮、蛋类、肉类、海带等。 多吃牛奶、奶制品、大豆和鱼类，这些都可以帮助钙的吸收。
忌	不宜多吃糖或喝咖啡，也不宜吃得过咸。 不宜食含较多草酸的蔬菜，如菠菜、苋菜等。

保健小提示

- 单纯地服用钙片补钙效果不是很好，因为钙质的吸收需要维生素D和蛋白质一起配合完成。所以在补钙的同时再补充一些富含维生素D的食物，如奶制品、胡萝卜、白薯、绿叶蔬菜、板栗、蛋、鱼卵、豌豆苗等。

五加皮烧牛肉

材料：

【药材】五加皮、杜仲各5克。

【食材】牛肉250克，葱1根（切段），米酒少许，胡萝卜1/3根，淀粉半小匙，橄榄菜1把，酱油、姜末、香油、盐各少许。

做法：

1. 把药材熬煮成半碗药汁；橄榄菜切大段，加一些盐及米酒氽烫。
2. 牛肉切片，拌入姜末、米酒等搅拌均匀，再腌20分钟左右。
3. 将葱爆香，与腌好的牛肉一同拌炒；牛肉快熟时倒入药汁、胡萝卜片一起炒熟调味即成。

食材百科

牛肉能补中益气、滋养脾胃、强健筋骨，适用体虚乏力、筋骨酸软、贫血久病及面黄目眩的人食用。牛肉不宜常吃，也不宜多吃，一周一次为宜。在烹饪时，加入1个山楂、1块橘皮或少许茶叶，牛肉就很容易煮烂了。

大骨高汤

材料：

【药材】枸杞子5克。

【食材】大骨1000克，香菇30克，高丽菜50克，黄豆芽100克，胡萝卜、玉米各200克，醋适量。

做法：

1. 大骨洗净、氽烫，泡水30分钟。
2. 将香菇、高丽菜、胡萝卜、黄豆芽、玉米等材料分别洗净，沥水备用。
3. 取5升水倒入锅中，开中火煮滚，加入所有材料。
4. 转小火续煮3小时，再将材料过滤掉即成。

药膳功效

用猪骨所熬出来的高汤，口味香醇浓郁，能健脾益气、补钙壮骨，很适合搭配肉类入粥。另外，牛骨和鸡架大骨也可用来做大骨高汤。在做高汤时，还可根据个人口味，适当添加葱丝和姜丝等材料，如此味道会更鲜美。

牛膝蔬菜鱼丸

材料：

【药材】牛膝9克。

【食材】鱼丸300克，蔬菜、豆腐（随自己喜爱搭配）、酱油各适量。

做法：

❶ 将牛膝加2杯水，用小火煮取1杯量，滤渣备用。

❷ 锅中加5杯水，先将鱼丸煮至将熟时，再放入蔬菜、豆腐煮熟，大约3分钟。

❸ 再加入牛膝药汁略煮，可根据个人口味，适当添加调味料，盛盘即可。

药膳功效

本药膳能活血通络、壮骨强筋，还有利尿消水的作用。牛膝搭配鱼丸和豆腐，既能治疗腰膝酸软，又能充分补充钙质和维生素，有利于滋补肾阴、强健身体。本药膳不仅适合男性，女性也可食用。

食材百科

鱼丸的做法是：取鱼肉500克，剁成鱼泥，加水50毫升和葱姜汁25克，精盐适量，顺着一个方向搅匀。变粘之后，再加入3个蛋清、湿淀粉50克，继续搅拌均匀。挤成丸子放入冷水中，煮沸后漂起即熟。

本草详解

牛膝能改善肝功能，还有降低胆固醇的作用。酒炙后，有活血祛淤、通经止痛作用；盐炙后，则主要有补肝肾、强筋骨之效。牛膝兼治女子月闭血枯，催生下胎。牛膝以条长、皮细肉肥、色黄白者为佳。

鲜人参炖乌鸡

材料：

【药材】人参2根。

【食材】猪瘦肉200克，乌骨鸡650克，火腿30克，生姜2片，花雕酒3克，味精4克，盐2克，鸡粉15克，浓缩鸡汁5克。

做法：

1. 将乌骨鸡去毛，在背部剖开去内脏；猪瘦肉切片；火腿切粒。
2. 将所有的肉料汆烫去除血水后，加入其他材料，然后装入盅内，移入锅中隔水炖4小时。
3. 在炖好的汤中加入所有调味料即可。

药膳功效

鸡肉嫩滑鲜美，但鸡汤中从鸡油、鸡皮、肉与骨中所溶解出来的含水溶性小分子蛋白质及脂肪类的浮油，最好将其捞出，以减少油脂的摄取量，避免肥胖。需要注意在烹饪时，乌鸡一定要去净血污，炖出来的汤才不会有一层漂浮物在汤面上。

黑白木耳炒芹菜

材料：

【药材】干黑木耳、银耳各15克。

【食材】芹菜茎、胡萝卜、黑芝麻、白芝麻、姜、砂糖、芝麻油各适量。

做法：

1. 黑木耳、银耳以温水泡开、洗净；芹菜切段；胡萝卜切丝。上述材料皆以开水汆烫，捞起备用。
2. 将黑、白芝麻以芝麻油爆香，拌入所有食材即可起锅，最后加入盐、糖腌渍30分钟即可。

药膳功效

这道菜富含胶质，对骨质疏松症有良好的预防效果。因为黑木耳、银耳具有滋阴养胃、益气活血、生津润肺、补脑强心的作用，可用于主治崩漏、痔疮、便秘出血、下痢便血等症状；也适用于高血压、创伤出血、月经不调以及血管硬化等病症。

第五章

补血护心篇

《灵枢·邪客》说：『心者，五脏六腑之大主也，精神之所舍也。其脏坚固，邪弗能容也。容之则心伤，心伤则神去，神去则死矣。』补血养心，保护心血管是维持健康的基础。本章从疏通气血、调节血糖、控制血压、降低血脂、治疗贫血、安神补脑、治疗心悸气短、提神醒脑几个方面，有针对性地介绍补血护心药膳的做法，方便广大读者对症选择。

补血护心篇

特效药材推荐

西洋参

【功效】补气养阴，清热生津。
【挑选】原皮西洋参以内部黄白色、体质轻松、气香味浓者为佳。
【禁忌】不宜与藜芦同用。

人参

【功效】补脾益肺，安神益智。
【挑选】香气特异，以味微苦、甘者佳。
【禁忌】无论是煎服还是炖服，忌用五金炊具。

当归

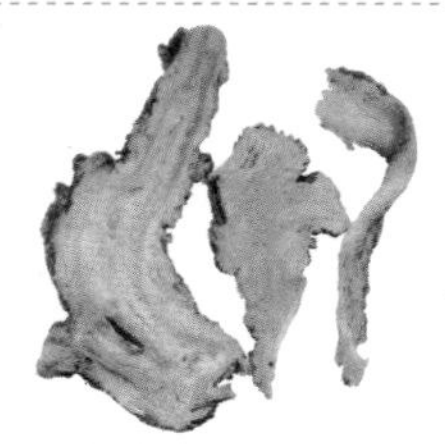

【功效】补血活血，调经止痛。
【挑选】外皮细密，黄棕色至棕褐色，质柔韧，断面黄白色，有黄棕色环状纹。
【禁忌】慢性腹泻者忌食。

川芎

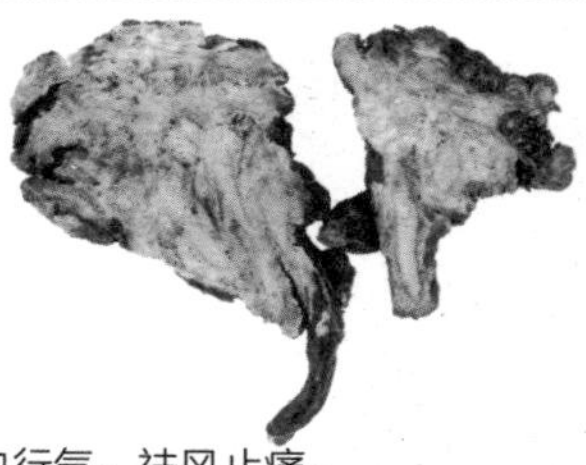

【功效】活血行气，祛风止痛。
【挑选】面黄褐色，以质坚实、断面色黄白、油性大、香气浓者为佳。
【禁忌】月经过多、孕妇忌用。

龟甲

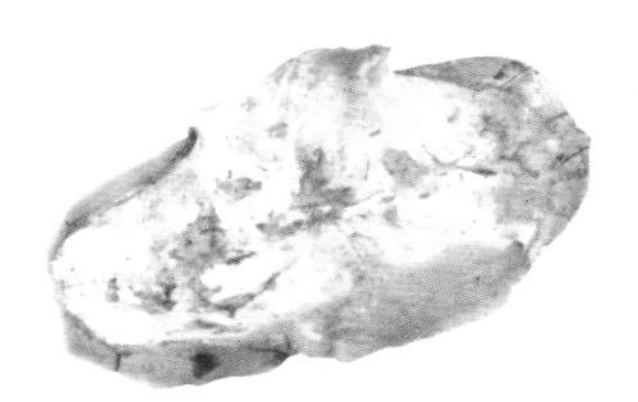

【功效】滋阴潜阳，养血补心。
【挑选】质坚硬，可自骨板缝处断裂，气微腥，味微咸者佳。
【禁忌】孕妇忌用。

丹参

【功效】活血调经，除烦安神。
【挑选】质坚硬，断面平整，气微，味甜微苦者佳。
【禁忌】孕妇慎用。

桂圆

【功效】益气补血，养血安神。
【挑选】外壳粗糙、颜色黯淡的，果肉洁白光亮的新鲜。
【禁忌】孕妇不宜过多食用。

远志

【功效】安神益智，活血散淤。
【挑选】以色黄、筒粗、内厚、干燥者为最优。
【禁忌】有实热或痰火内盛者，以及有胃溃疡或胃炎者慎用。

特效食材推荐

樱桃

【功效】补血养颜，补中益气。
【挑选】以颜色深红或暗红色、果梗部深凹者为佳。
【禁忌】热性病及虚热咳嗽者、糖尿病患者忌食。

菠菜

【功效】滋阴养血，通络护心。
【挑选】色泽浓绿、根部为红色者佳。
【禁忌】脾胃虚弱、肾炎和肾结石患者不宜多食或忌食。

玉米

【功效】益肺宁心，健脾开胃。
【挑选】籽粒外表半透明有光泽、粒色金黄，坚硬饱满者佳。
【禁忌】忌和田螺同食。

胡萝卜

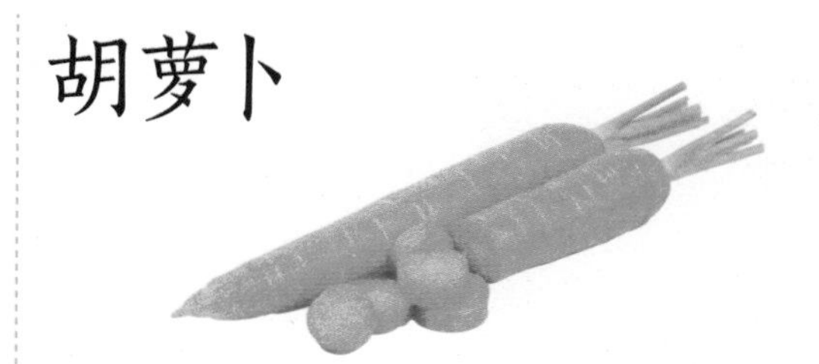

【功效】补血益气，抗癌护心。
【挑选】肉厚、心小、体短，表面光滑，没有伤害者佳。
【禁忌】不宜与白萝卜、辣椒等一起食用。

大枣

【功效】补养心血，益气生津。
【挑选】以颗粒饱满，表皮不裂、不烂，皱纹少，痕迹浅者佳。
【禁忌】外感风寒感冒、腹胀气滞者、糖尿病患者不宜食用。

气血不畅

当人体里的气血不能正常循环流动时，就会发生气滞血淤，导致长斑、关节痛、消化不良等症状。

对症药材		对症食材	
①海马	④郁金	①花生	④核桃
②当归	⑤川芎	②鸡蛋	⑤胡萝卜
③三七	⑥姜黄	③山楂	⑥山药

姜黄

山楂

健康诊所

病因探究 淤血常因情绪意志长期抑郁，或久居寒冷地区，以及脏腑功能失调所致。临床表现为疼痛，甚至形成肿块。活血化淤，即用具有消散作用的或能攻逐体内淤血的药物治疗淤血病症的方法。

症状剖析 淤血的人会心悸、心律不齐；平常面色晦暗，雀斑、色斑多；眼睛里常有红血丝；皮下毛细血管明显，下肢静脉曲张；慢性关节痛、肩膀发酸、头痛；胃部感觉饱胀，按压时有不适感。

本草药典

川芎

性味 味甘，性温。
挑选 以香气浓、油性大者为佳。
禁忌 高血压及阴虚火旺者均忌食。

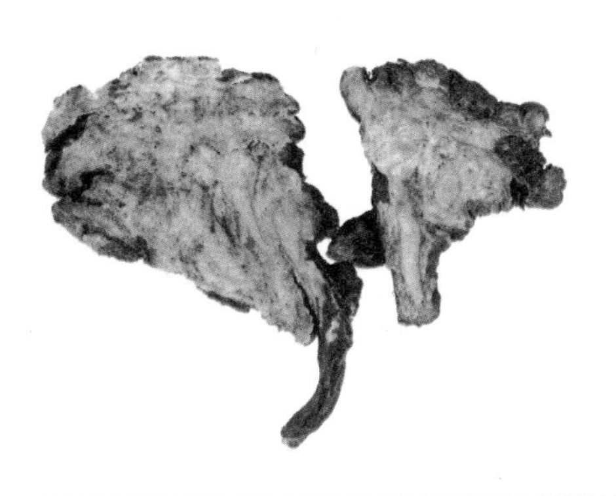

功效

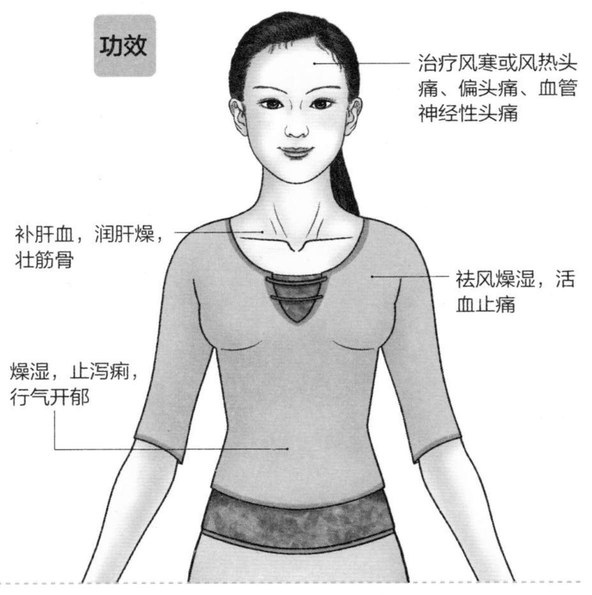

饮食宜忌

宜

- 血淤者如果症状较轻，可以使用黄芪泡水代茶饮，每天放十几片，喝到没有味道、没有颜色为止。
- 平时应多食具有活血化淤功效的食物，如山楂、醋、玫瑰花、金橘、油菜、番木瓜等。
- 可以适当饮酒，如黄酒、葡萄酒、红酒等，对促进血液循环有益。

保健小提示

- 精油按摩有很好的活血化淤效果，按摩最好是在刚洗完澡时。推荐使用薄荷精油、玫瑰精油、茉莉花精油、玉兰花精油、柠檬精油、茴香精油、生姜精油、肉桂精油等。

海马排骨汤

材料：

【药材】海马2只。

【食材】排骨220克，胡萝卜50克，盐1克。

做法：

1. 将排骨洗净，剁成若干块，氽烫备用；胡萝卜洗净切成小方块。
2. 将所有的材料放入汤煲中，放入适量水（水量不要太多，能盖过材料即可），用小火煲熟。快熟时放入所有的调味料即可。

药膳功效

此药膳可活血化淤、补肾壮阳、增强抵抗力，用于治疗肾阳虚弱、夜尿频繁等症状。女性服用还可治疗由体虚所引起的白带增多症状。需要注意的是，阴虚内热、脾胃虚弱者不宜服用此汤。

三七蛋花汤

材料：

【药材】三七10克。

【食材】鸡蛋2个，盐少许。

做法：

1. 将三七去除杂质，洗净；锅置火上，倒入适量清水，将三七放入煮片刻，捞起，沥干，备用。
2. 另起锅，倒入适量水，待烧开后，打入鸡蛋煮至熟。
3. 再将备好的三七放入锅中，待再次煮沸后，加入盐调味即可熄火，盛入碗中。

药膳功效

本药膳中的三七为主要药材，有利于增强记忆能力，并有明显的镇痛作用，特别是对头晕、头痛、共济失调、语言障碍等症状有明显的改善作用。

本草详解

三七味苦、微甜，能散淤止血、消肿止痛。可用于各种内、外出血，胸腹刺痛，跌打损伤，还能调节血糖、降低血脂、抑制动脉硬化，增强记忆力，提高免疫力，抗肿瘤，保肝、抗炎。

当归芍药炖排骨

材料：

【药材】当归、芍药、熟地、丹参各9克，川芎4.5克，田七4.5克。

【食材】排骨500克，米酒1瓶。

做法：

1. 将排骨洗净，氽烫去腥，再用冷开水冲洗干净，沥水，备用。
2. 将当归、芍药、熟地、丹参、川芎入水煮沸，放入排骨，加米酒，待水煮开，转小火，续煮30分钟。
3. 最后加入磨成粉的三七拌匀，适度调味即可。

本草详解

丹参既能补血，又能活血，常用于脸色萎黄、嘴唇及指甲苍白、头晕眼花、心慌心悸、舌质淡等病症；也可用于少血色等血虚证，是女性的调养佳品，凡妇女月经不顺、血虚经闭、胎产诸病症均可使用；此外，还可用于疗治血虚、肠燥、便秘等病。

川芎黄芪炖鱼头

材料：

【药材】川芎3小片，枸杞子10克，黄芪2小片。

【食材】鱼头1个，丝瓜200克，高汤、姜、葱各适量。

做法：

1. 鱼头去鳞、鳃，洗净，剁成大块备用；丝瓜去皮，切成块状。
2. 锅内放入高汤、川芎、黄芪、姜片、葱段、枸杞子煮10分钟，待发出香味后，改用小火保持微沸。
3. 把鱼头摆回原形，和丝瓜块放入汤中，用小火煮15分钟，加调味料即可。

药膳功效

此汤具有行气活血、祛风止痛的功效，可用于预防头晕、头痛，可治身体虚弱的妇女洗头之后头痛、头晕、妇女产后头痛等。丝瓜可以活血通乳、化淤止痛，但脾湿胃寒的人不宜多食。

食材百科

做鱼头时，首先要清理干净鱼鳃，洗净鱼嘴里的黏液。烹调时要水热后入锅，炖出的鱼汤才是奶白色的，而且味道鲜美香浓。汤中要加葱、姜去腥调味，汤熟之后还可以撒入香菜调味。

当归苁蓉炖羊肉

材料：

【药材】当归6克，肉苁蓉9克，山药15克，桂枝3克，黑枣6颗，核桃仁9克。

【食材】羊肉250克，姜3片，米酒少许。

做法：

1. 先将羊肉洗净，在沸水中汆烫一下，去除血水和羊骚味。
2. 将所有药材放入锅中：羊肉置于药材上方，再加入少量米酒及适量水（水量盖过材料即可）。
3. 用大火煮滚后，再转小火炖约40分钟，调味即可。

药膳功效

本药膳具有补气养血、促进血液循环的良好功效，气血淤滞不畅的人可以借助这道菜得到改善。此外，当归和羊肉搭配，是产后的补益佳品，对产后身体虚弱、营养不良、贫血低热、汗多怕冷等症状有明显的疗效。

川芎乌龙活血止痛茶

材料：

【药材】川芎6克。

【食材】乌龙茶6克。

做法：

将川芎洗净，与乌龙茶共置茶杯中，冲入沸水适量，泡闷15分钟后，分2～3次温饮。每日1剂。

药膳功效

本药茶具有活血行气、止痛的作用，不仅能治疗月经不调、痛经，还能预防血管神经性头痛和心脑血管栓塞，防治血糖升高。川芎不仅是妇科疾病常用中药之一，还能扩张冠状动脉，增加微循环，治疗闭塞型心脑血管疾病。

食材百科

乌龙茶创制于1725年（清雍正年间）前后，是经过杀青、萎凋、摇青、半发酵、烘焙等工序后制出的品质优异的茶类，品尝后齿颊留香，回味甘鲜。乌龙茶的药理作用，突出表现在分解脂肪、减肥健美等方面。此外，每天饮用乌龙茶还能降低血液中胆固醇的含量，改善皮肤过敏以及抗肿瘤，预防衰老。

调节血糖

血糖是血液带给身体各个器官的能量物质，是维持各个生理功能正常的基础。血糖过高或者过低都会对身体造成损害。

对症药材

① 枸杞子 ② 玉竹 ③ 麦冬 ④ 人参 ⑤ 山药 ⑥ 白术

玉竹

对症食材

① 洋葱 ② 芹菜 ③ 大蒜 ④ 猪肝 ⑤ 木耳 ⑥ 苦瓜

苦瓜

健康诊所

病因探究 低血糖是指由于营养不良或代谢失调等原因引起的血糖低于正常水平的症状。血糖含量超过正常水平的称为高血糖，当血糖浓度超过一定限度，就会有部分糖随尿液排出，形成糖尿。

症状剖析 低血糖患者会出虚汗、头晕、心跳加快、颤抖、常有饥饿感、无力、手足发麻；高血糖有多尿、口渴、多饮的症状。体重减轻、形体消瘦，以致疲乏无力，精神不振。

本草药典

麦冬

性味 味甘、微苦，性微寒。

挑选 以身干、体肥大、色黄白、半透明、质柔、有香气、嚼之发黏的为佳。

禁忌 脾胃虚寒泄泻、胃有痰饮湿浊及暴感风寒咳嗽者均忌服。

功效

治外感风寒，头痛发热，恶寒无汗

养阴润肺，生津止渴

调节血糖，改善心肌缺血症状

滋养胃阴，治疗消渴、呕吐

饮食宜忌

宜

- 高血糖者宜食高纤维食物，如粗粮、膳食纤维含量高的蔬菜等。
- 高血糖者应保证蛋白质的摄入量，选用具有消渴降糖功效的药食兼用品，如黄鳝、泥鳅、猪肚、南瓜子、西瓜皮、冬瓜皮、苦瓜等。

忌

- 高血糖者应避免高糖食物，少食淀粉含量过多的食物。

保健小提示

- 低血糖的人要注意随身携带一些含糖丰富的食物，甜巧克力是不错的选择。其中丰富的糖分能够迅速恢复血糖，巧克力中的可可脂还有轻微的兴奋作用，使血管收缩，升高血压。

山药煮鲑鱼

材料：

【药材】山药20克。

【食材】鲑鱼80克，胡萝卜10克，海带10克，芹菜末15克。

做法：

1. 鲑鱼洗净、切块，下水汆烫，去腥味；山药、胡萝卜削皮，洗净，切小丁；海带洗净，切小片备用。
2. 山药丁、胡萝卜丁、海带片放入锅中，加3碗水煮沸，转中火熬成1碗水。
3. 加鲑鱼块煮熟，撒上芹菜末调味即可食用。

药膳功效

本药膳的主要功效是降血糖。山药含有可溶性纤维，能推迟胃内食物的排空，控制饭后血糖升高，还能助消化，可用于糖尿病脾虚泄泻，小便频数。

食材百科

鲑鱼也就是我们常说的三文鱼。其中含有的虾青素能有效预防心脏病、糖尿病、动脉硬化等疾病。鲑鱼肉颜色越深越新鲜，用手按时鱼肉紧实、有弹性，且白色脂肪线清晰不模糊的品质好。

枸杞地黄肠粉

材料：

【药材】大枣2克，熟地黄5克，枸杞子3克。

【食材】虾仁20克，韭菜80克，猪肉丝4克，香菜1克，河粉100克，淀粉、米酒各5克，甜辣酱、盐、酱油各3克。

做法：

1. 药材入碗，加水用中火蒸煮30分钟，制成药汁备用。
2. 虾仁去泥肠，猪肉丝、虾仁放入碗里，用调味料腌15分钟。
3. 河粉切块，包入备好的材料，蒸6分钟，出锅时将药汁淋在肠粉上，撒上香菜即可。

药膳功效

肠粉口感滑爽，搭配虾仁韭菜鲜爽可口，是别具特色的美食。本药膳含有多种营养成分，不仅能消炎杀菌，还能补钙。其中的虾仁能够补益肝肾、滋养气血、降血糖。

苦瓜炒猪肝

材料：

【药材】无。

【食材】苦瓜125克，猪肝200克，大蒜1瓣，葱10克，黄酒1匙，酱油、料酒、盐、味精、水淀粉各适量。

做法：

1. 锅中放入水，水开后放入整个猪肝，焯去血水。
2. 苦瓜洗净，切开去子，切成片；蒜切成蒜末，葱切成葱花。
3. 煮好的肝晾凉后切片，放入蒜末、葱花、料酒、酱油、水淀粉抓捏10分钟左右。
4. 炒锅放油烧热，放入葱花爆香；然后把腌好的猪肝放入，翻炒2分钟左右。
5. 将苦瓜放入锅中，翻炒均匀；至苦瓜稍微变软后，加水淀粉勾芡后，再加调味料炒匀即可。

药膳功效

此菜肴最大的功效是降血糖。苦瓜中含有铬和类似胰岛素的物质，有明显的降血糖作用。它能促进体内糖分分解，改善体内的脂肪平衡，是糖尿病患者理想的食疗食物。

美食禁忌

猪肝含有大量胆固醇，患有高血压、冠心病、肥胖症及高脂血症的人忌食。猪肝不能与鱼肉、雀肉、荞麦、菜花、黄豆、豆腐、鹌鹑肉、野鸡同食，也不能与豆芽、番茄、辣椒、毛豆、山楂等富含维生素C的食物同食。

食材百科

猪肝含有丰富的铁元素，是最佳补血食物之一，经常食用猪肝能调节和改善贫血患者的造血功能。猪肝中含有丰富的维生素A，能保护视力、美容肌肤。此外，猪肝中还有维生素C和微量元素硒，能抗氧化防衰老，保护肝脏。

党参枸杞大枣汤

材料：

【药材】党参20克，枸杞子12克，大枣12克。

【食材】白糖适量（或盐，视个人口味调整）。

做法：

1. 将党参洗净切成段备用。再将大枣、枸杞子放入清水中浸泡5分钟后再捞出备用。
2. 将所有的材料放入砂锅中，然后放入适量的清水，一起煮沸。
3. 煮沸后改用小火再煲10分钟左右，将党参挑出，喝汤时只吃枸杞子、大枣。

药膳功效

本药膳能滋肾固精、益气补血、调节血糖，对于体虚、贫血、营养不良、高血糖有很好的补益作用。其中党参能调节肠胃运动，抗溃疡、增强免疫功能；枸杞子能抗衰老、降血脂、保肝、降血糖、降血压。

山药内金黄鳝汤

材料：

【药材】山药150克，鸡内金10克。

【食材】黄鳝1条（约100克），生姜3片，盐适量。

做法：

1. 鸡内金、山药洗净，山药切块；生姜洗净，切片。
2. 黄鳝剖开洗净，去除内脏，在开水锅中稍煮，捞起，过冷水，刮去黏液，切成长段。
3. 全部材料放入砂煲内，加适量清水，煮沸后改用小火煲1～2小时，加盐调味即可食用。

药膳功效

本药膳具有调节血糖，益肺气等功效。山药能有效抑制血糖升高，帮助消化。药膳中的黄鳝含降低血糖和调节血糖的“鳝鱼素”，且所含脂肪极少，是糖尿病患者的理想食品。

本草详解

鸡内金可治疗饮食积滞，并能健运脾胃，广泛用于米面、薯芋、肉食等各种食滞。症状较轻的，可单用研末服用；可与山楂、麦芽、青皮等同用，治积食胀满；与白术、山药、使君子等同用，治小儿疳积。

稳定血压

人的心脏收缩和血液在血管壁中的流动，构成血压，包括收缩压和舒张压两个指标。血压不正常的情况可分为高血压和低血压。

对症药材		对症食材	
① 杜仲	④ 枸杞子	① 菠萝	④ 洋葱
② 川芎	⑤ 刺五加	② 绿豆	⑤ 蜂王浆
③ 灵芝	⑥ 酸枣仁	③ 芹菜	⑥ 南瓜

灵芝

洋葱

健康诊所

病因探究 高血压病是指在静息状态下动脉收缩压或舒张压增高，常伴有脂肪和糖代谢紊乱以及心、脑、肾和视网膜等器官的疾病。低血压一般是由先天性因素、心血管疾病或者身体虚弱引起的。

症状剖析 高血压患者会有头痛、眩晕、耳鸣、失眠、肢体麻木等症状，会导致心脏病变、肾脏损伤、脑出血等。低血压患者突然站起时会感到头晕，眼前发黑、心慌，稍微休息后症状略有减轻，平时有头晕、乏力等症状。

本草药典

刺五加

性味 味甘、微苦，性温。
挑选 以质硬、断面黄白色、有特异香气者为佳。
禁忌 阴虚火旺者慎服。

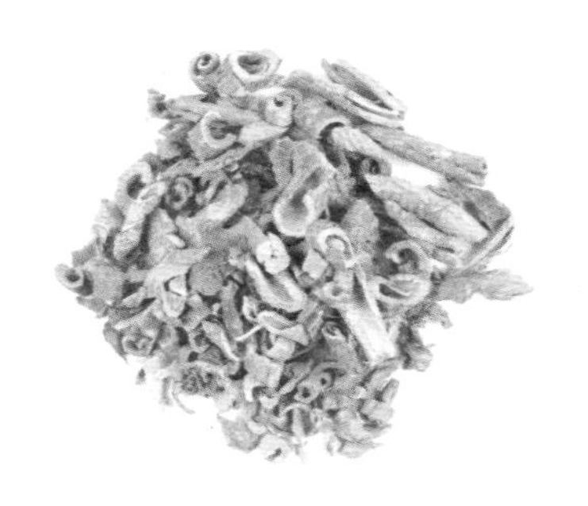

功效

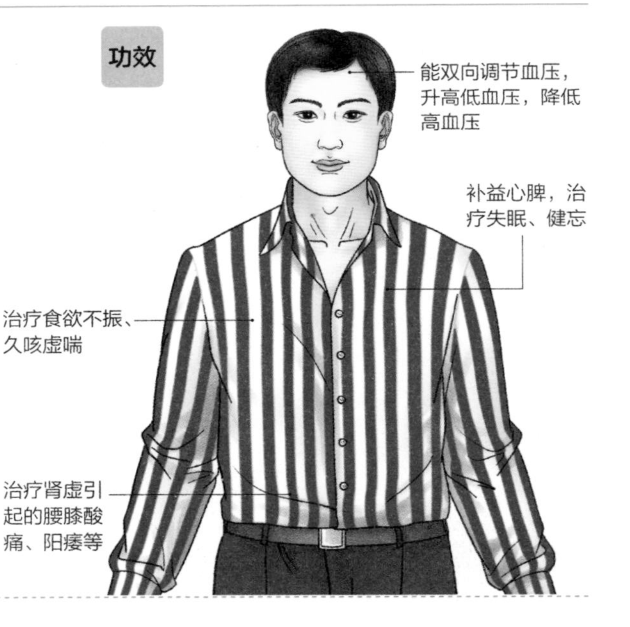

饮食宜忌

宜

- 低血压患者宜选择高钠、高胆固醇的饮食，如动物脑、肝、蛋黄等。
- 高血压患者宜适量摄入蛋白质，多吃含钾、钙丰富而含钠低的食品。

忌

- 高血压患者需限制盐的摄入量。
- 低血压忌食生冷及寒凉、破气食物，忌玉米等降血压食物。

保健小提示

- 低血压患者起床时，应该慢慢起床。不要从蹲着、坐着的姿势突然站起，应该先颈前屈到最大限度，再慢慢站起，10～15 秒钟后再走动。平时可以穿弹性袜，帮助下肢血液回流。

杜仲煮牛肉

材料：

【药材】杜仲20克，枸杞子15克。

【食材】瘦牛腿肉500克，绍兴酒2汤匙，姜片、葱段各少许，鸡汤2大碗，盐适量。

做法：

1. 牛肉洗净，放在热水中稍烫一下，去除血水，备用。
2. 将杜仲和枸杞子稍洗一下，然后和牛肉一起放入锅中，加绍兴酒、姜片、葱段、鸡汤及适量水。
3. 开大火煮沸后，再转小火将牛肉煮至熟烂，起锅前拣去杜仲、姜片和葱段，调味即可。

药膳功效

本药膳以补肝肾、强筋骨、降血压见长，适用于治疗肾虚腰痛、腰膝无力、高血压等病症。此外，牛肉使本菜品更具有提升体力、抵抗疲劳的效果。但阴虚火旺者需谨慎服用。

菊花枸杞子豆浆

材料：

【药材】枸杞子10克，菊花5克。

【食材】黄豆60克，清水1200毫升。

做法：

1. 黄豆洗净浸泡6~8小时，枸杞子洗净泡发，菊花洗净。
2. 将泡好的黄豆和枸杞子及洗净的菊花放入豆浆机，加清水。
3. 启动豆浆机打成豆浆即可，可加冰糖调味。

药膳功效

此豆浆具有滋补肝肾、益精明目、降低血压、增强免疫能力的作用，适合作为高血压患者的营养早餐。其中的枸杞子能抗衰老、抗肿瘤、降血脂、保肝护肝、降血糖、降血压；菊花有清热解毒、抗炎镇静、降血压的作用。

甜酒煮灵芝

材料：

【药材】灵芝50克。

【食材】甜酒1千克，蜂蜜20克。

做法：

1. 将灵芝洗净，切成片、晾干。将锅洗净，锅中加水放入灵芝，以中火熬煮。
2. 再加入甜酒，用小火慢慢熬煮，共煮至入味便可熄火。
3. 冷却至35℃以下时，放入蜂蜜，搅拌均匀即可。

药膳功效

甜酒煮灵芝对于高脂血症、高血压引起的头昏气短乏力、失眠多梦、心悸烦躁等症有疗效，非常适合心脾两虚的患者食用。此药膳也是减肥佳品。灵芝能调节免疫功能，降低血糖、血脂和血压，还有镇定安神的作用。

玉米大枣瘦肉粥

材料：

【药材】枸杞子30克，大枣10颗。

【食材】玉米粒、瘦肉各150克，糯米100克。

做法：

1. 大枣、枸杞子洗净，泡发30分钟，备用；瘦肉洗净，剁成肉末状；糯米可事先泡软，以便煮烂变稠。
2. 起锅倒水，大火烧至水开，放入糯米，煮沸后放肉和大枣。
3. 再次沸腾后转成小火，倒入玉米粒和枸杞子，待沸腾后煮半个小时即可。

药膳功效

此粥不仅能排出体内毒素、促进肠胃蠕动、预防便秘，还能健脾益胃、增加食欲，控制血压升高，可作为高血压患者的日常滋补粥品。枸杞子能保肝护肝、降低血压；大枣能补益气血。

食材百科

糯米能缓解脾胃虚寒、食欲不佳、腹胀腹泻、尿频、自汗。但其不易消化，不宜多吃。糯米酒也有很好的滋补功效，做法是先将糯米加水适量，蒸熟。当温度降至50℃时均匀地撒上甜酒曲，装入容器中，密封，8~9天后即成。

西芹多味鸡

材料：

【药材】大枣、川芎、当归各5克。

【食材】鸡腿100克，西芹片10克，姜片、白话梅各5克，胡萝卜片10克，米酒、绍兴酒各适量。

做法：

1. 将大枣、川芎、当归放入锅中，大火煮沸后滤取汤汁备用。
2. 鸡腿去骨、洗净，用棉线扎紧，入锅煮沸后转小火焖煮10分钟。取出鸡腿，以药汤汁、米酒、绍兴酒拌匀备用。
3. 炒锅加适量油，烧热后放入拌好鸡腿炒15分钟，最后放入西芹片、胡萝卜片炒匀，最后调味即可。

药膳功效

西芹有降压健脑、清肠利便、解毒消肿等功效，还有镇静和抗惊厥的作用。西芹和性平味甘的鸡肉搭配，能起到很好的滋补效果，能有效治疗体虚引起的失眠多梦等症状。

食材百科

西芹能镇静安神、降低血压，切碎和大米一起煮粥，或榨汁饮用，都有很好的食疗效果。西芹还有明显的利水消肿作用，能辅助减肥。

镇静安神+养肝降压

酸枣仁白米粥

材料：

【药材】酸枣仁（熟）15克。

【食材】白米100克，白砂糖、清水各适量。

做法：

1. 将酸枣仁、白米分别洗净，酸枣仁用刀切成碎末。
2. 砂锅洗净置于火上，倒入白米，加水煮至粥将熟，加入酸枣仁末，搅拌均匀，再煮片刻。
3. 起锅前，加入白砂糖，甜味由自己决定，调匀即可。

药膳功效

酸枣仁能养心、安神、敛汗，和白米搭配煮粥，有宁心、益气、镇静安神的作用，适用于神经衰弱、心悸、失眠、多梦等症。

本草详解

酸枣仁就是敲开酸枣核里面的种子。生酸枣仁能提神醒脑，治疗嗜睡；把酸枣仁置锅内炒至呈微黄色，则有宁心安神的作用，能治疗失眠。

降低血脂

随着人们生活水平的提高，脂肪和胆固醇的摄入过多，运动减少，高脂血症已经成了中年和老年人群的多发病，严重影响了人们的身体健康。

对症药材

1 玉竹　4 沙棘
2 黄芪　5 酸枣仁
3 枸杞子　6 大黄

黄芪

对症食材

1 绿豆　4 猴头菇
2 桂圆　5 紫菜
3 苜蓿芽　6 芹菜

绿豆

健康诊所

病因探究 高脂血症是一种全身性疾病，脂肪代谢或运转异常使血浆中一种或多种脂质高于正常值称为高脂血症。可以由遗传因素、肝脏代谢障碍或者肥胖等原因引起。

症状剖析 一般表现为头晕、神疲乏力、失眠健忘、肢体麻木、胸闷、心悸等，发展严重后会导致脂肪肝、动脉硬化、脑血栓、心肌梗死、眼底出血、高尿酸症、胰腺炎等多种并发症。

本草药典

大黄

性味 味苦、性寒。
挑选 以黄棕色、无星点、气清香者为佳。
禁忌 孕妇及月经期女性禁用。

功效

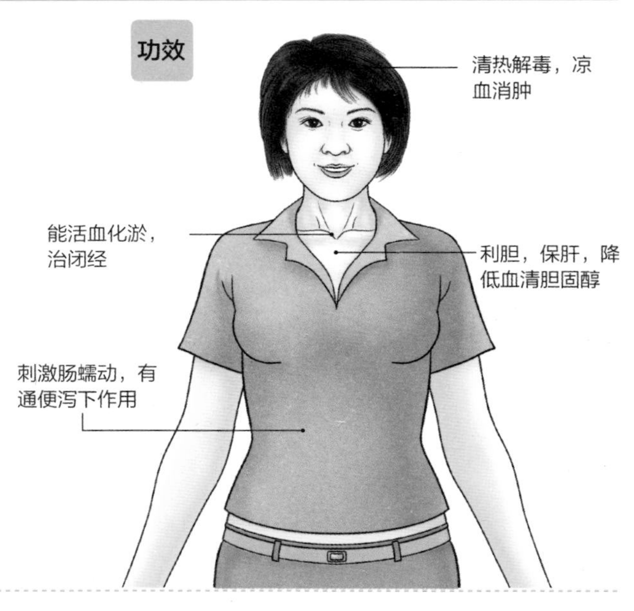

饮食宜忌

宜
- 增加含钾的食物，并注意饮食中增加钙的摄入量。
- 多吃新鲜蔬菜和水果，多饮水，多吃富含维生素、无机盐和膳食纤维的食物。

忌
- 减少糖类和甜食的摄入量，少吃蜂蜜、果汁、果酱、蜜饯等甜食。
- 要控制脂肪和胆固醇的摄入量，少吃食盐。

保健小提示

- 高脂血症患者会时常有困倦感，但这时候不建议久坐或久卧，应该经常站起来走动或活动肢体，这样能促进血液循环，增加能量消耗、加快脂肪代谢，防止脂肪堆积。

玉竹西洋参茶

材料：

【药材】西洋参3片，玉竹20克。

【食材】蜂蜜15毫升。

做法：

1. 将西洋参、玉竹洗净，沥干水分，备用。
2. 砂锅洗净，放入西洋参和玉竹，先将玉竹与西洋参用沸水600毫升冲泡30分钟，到药味完全泡出。
3. 用滤网滤净残渣，待药汁温凉后，再加入蜂蜜，搅拌均匀即可。

药膳功效

玉竹不仅有养阴、止渴、除烦躁的功效，还有降血脂的作用。西洋参具有抗老、防癌、除斑之功效。这道茶对于各种血虚症及病后气血不足的患者均适宜。需要注意的是，糖尿患者不要放蜂蜜，如需甜味，可以用甜味替代剂，如木糖醇、甜菊糖等。

蒲黄蜜玉竹

材料：

【药材】鲜玉竹500克，蒲黄6克。

【食材】蜂蜜50毫升，白糖10克，香油6克，香精1滴，淀粉少许。

做法：

1. 先把鲜玉竹去须根洗净，切成3厘米左右的长段。
2. 炒锅放火上，放入香油、白糖炒成黄色，加适量开水，并将蜂蜜和蒲黄加入，再放入玉竹段，烧沸后用小火焖烂，捞出玉竹段。
3. 锅内汁加1滴香精，用少许淀粉勾芡，浇在玉竹段上即可。

药膳功效

玉竹和蒲黄都能降低血液中胆固醇和甘油三酯等的含量，净化血液，二者结合效果更佳。蒲黄蜜玉竹还有滋阴润肺、养胃生津、活血散淤的作用，对于咽喉肿痛、口舌干燥、口腔溃疡等都有很好的食疗作用。

猴头菇螺头汤

材料：

【药材】黄芪5克，玉竹5克，山药10克，百合20克，猴头菇5克，桂圆20克。

【食材】螺头3个，瘦肉100克，排骨100克，盐5克。

做法：

1. 先将猴头菇用水浸泡20分钟，挤干水分；瘦肉洗净切片；排骨洗净剁段。
2. 螺头加山药浸泡至软，剩下的药材浸泡一下，沥干水分，备用。
3. 将备好的材料与瘦肉、排骨一起放入煲内煮沸，转文火煲2小时，加调味料调味即可。

药膳功效

本药膳具有降低血糖和血脂，提高机体免疫能力的功效。猴头菇有很好的滋补作用，是冬季进补的优先选择，有健脾、养胃、祛湿的功效，猴头菇煮得越软越烂，其营养成分越能被完全析出。

本草详解

猴头菇不仅能滋补，还能助消化，对胃炎、食道癌、胃溃疡、十二指肠溃疡等消化道疾病的疗效显著。此外，常食猴头菇不仅对神经衰弱、失眠有特效，还能提高机体的免疫力，延缓衰老。

食材百科

海螺去掉内脏部分，即为螺头，具有清热明目、利膈益胃的功效，能治疗心腹热痛、肺热肺燥、双目昏花等病症。在烹饪螺头前要用盐和醋搓洗并浸泡，并烧煮至少10分钟以上，防止感染寄生虫。

大黄绿豆汤

材料：

【药材】生大黄3克，山楂18克，车前子9克，黄芪9克。

【食材】绿豆150克，红糖适量。

做法：

1. 将药材分别洗净，沥干水分，备用；绿豆泡发。
2. 山楂、车前子、生大黄、黄芪加水煮开，再转慢火熬20分钟，滤取药汁，去渣，备用。
3. 在药汁中加入泡好的绿豆，放入电饭锅煮烂，最后加适量红糖即可。

药膳功效

本药膳具有止血、保肝、降压、降低血液中胆固醇等作用。药膳中的绿豆还能起到排清体内毒素的作用，对热肿、热渴、热痢、痈疽、痘毒、斑疹等有一定的疗效。注意，生大黄的用量要控制好，否则会引起腹泻。

玉竹蜜茶

材料：

【药材】鲜玉竹250克。

【食材】茶叶10克，白糖100克，蜂蜜50克。

做法：

1. 将鲜玉竹去须根洗净，切成小段。
2. 锅中加清水，煮沸后放入玉竹煮烂，加白糖调匀。
3. 在玉竹汤中加入茶汁及蜂蜜，搅匀同饮即可。

药膳功效

此药茶能够养阴润燥、生津止渴、宁心安神，还能保肝利胆，降血糖、降血脂，对缓解和预防动脉粥样硬化有很好的辅助疗效。此外，常食玉竹，还能强心、抗衰老。

治疗贫血

血液把营养输送到身体各个器官，再把废物带出体外，这些都依赖于充足的血液，一旦出现贫血，新陈代谢就会受到影响。

对症药材		对症食材	
① 当归	③ 桂圆	① 牛、羊肉	③ 樱桃
② 何首乌	④ 阿胶	② 猪肝	④ 菠菜

何首乌

菠菜

健康诊所

病因探究 中医将贫血归为“虚劳”“血虚”“亡血”的范畴，并认为其多与脾、肾不足有关。肾藏精，主骨生髓，为先天之本。脾统血，为水谷生化之源、后天之本，中焦受气取汁，变化而赤是谓血。因此，补血要注意补脾益肾。

症状剖析 最常见和最早出现的症状是软弱无力、疲乏、困倦，气急或呼吸困难，还有头晕、头痛、耳鸣、眼花、注意力不集中、嗜睡等症状，并伴有食欲减退、腹部胀气、恶心、便秘等。

本草药典

桂圆

性味 味甘，性平。

挑选 大小均匀、外表圆滑者佳。

禁忌 孕妇及上火发炎时不宜食用。

功效

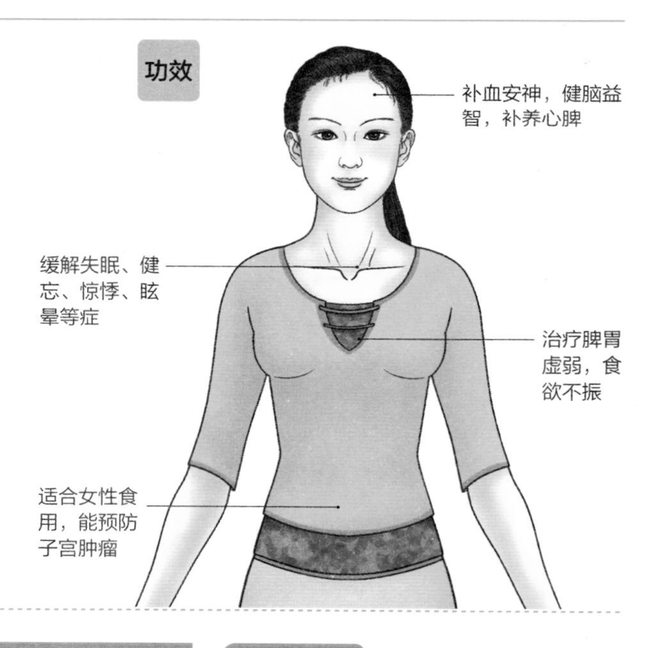

饮食宜忌

宜

- 宜食富含营养和高热量、高蛋白、丰富无机盐和维生素的食物。
- 注意及时补充铁元素，缺铁性贫血可多吃动物的内脏及肾、牛肉、鸡蛋黄、大豆、菠菜、大枣、黑木耳等。

忌

- 补铁时，少吃含鞣酸丰富的绿叶蔬菜或柿子等蔬菜水果，避免影响铁元素的吸收。

保健小提示

- 保证充足的睡眠时间是预防和治疗贫血的必要条件。人的造血器官在晚上11点之后开始工作，人此时应处于深度睡眠状态。所以，最好每天晚上10点钟以前就寝。

当归生地烧羊肉

材料：

【药材】当归、生地黄各15克。

【食材】肥羊肉500克，干姜10克，食盐、糖、绍兴酒、酱油各适量。

做法：

1. 将羊肉用清水冲洗，洗去血水，切成块状，放入砂锅中。
2. 放入当归、生地黄、干姜、酱油、食盐、糖、绍兴酒、酱油等调味料。
3. 加入适量清水，盖过材料即可，开大火煮沸，再改用小火煮至熟烂即可。

药膳功效

当归是中医临床用得最多的中药之一，凡养血通脉，无论属虚证、血证、表证都可用当归。生地可以清热凉血、养阴生津，有强身健体的功效。这两种药材搭配羊肉同食可以增强体力，提高身体的抗疲劳能力，女性服用也可以改善体虚寒冷的症状。

阿胶牛肉汤

材料：

【药材】阿胶15克。

【食材】牛肉100克，米酒20毫升，生姜10克，精盐适量。

做法：

1. 将牛肉去筋切片，与生姜、米酒一起放入砂锅，加入适量的水，用小火煮30分钟左右。
2. 最后加入阿胶及调味料，溶解搅拌均匀即可。

药膳功效

阿胶牛肉汤能滋阴养血、温中健脾，适用于月经不调、经期延后、头昏眼花、心悸不安者。内热较重，有口干舌燥、潮热盗汗等症者不适宜服用此药膳。

本草详解

阿胶是驴皮经煎煮浓缩制成的固体，能调经安胎、补血止血，尤其适合女性在寒冷的冬季服用。阿胶为治血虚的主药，对血虚萎黄、眩晕心悸、便血、崩漏、阴虚咳嗽、阴虚发热失眠等都有效。

提神醒脑

大脑是人精神活动的中心，当脑力充沛时，人会精力旺盛、思维活跃；脑力不足时，人会反应迟钝、精神萎靡。

对症药材		对症食材	
① 枸杞子	③ 薄荷	① 鲜鱼	③ 柠檬
② 蔓荆子	④ 人参	② 芹菜	④ 香菜

枸杞子

香菜

健康诊所

病因探究 头昏嗜睡、精神不济的原因有很多，可能由低血压导致的脑供血不足，或者贫血、营养不良引起；也可能是由熬夜、缺乏休息，或者气虚型体质等原因引起。高脂血症和糖尿病也会引起头昏头晕的症状。

症状剖析 易发生在春夏季节，会感觉头脑不清醒，总觉得精力不够，不能长时间集中注意力，不能坚持长时间的工作。早晨起床总有睡不醒的感觉，可能还会有疲劳乏力等症状。

本草药典

人参

性味 味甘、微苦，性微温。
挑选 香气特异，味微苦、甘者佳。
禁忌 无论是煎服还是炖服，忌用五金炊具。

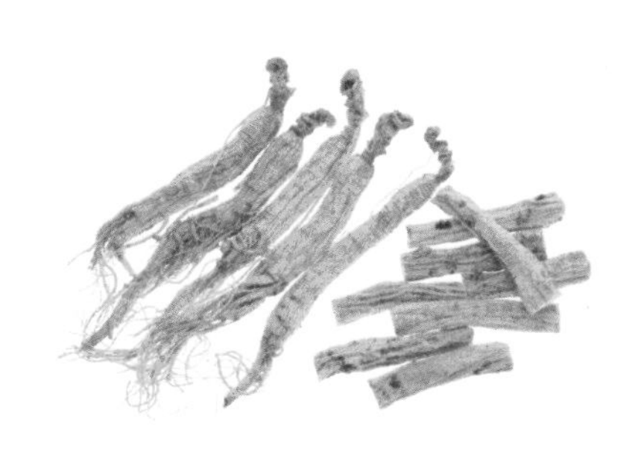

功效

饮食宜忌

宜

- 用蛋白质来代替糖类和脂肪，会有意想不到的提神效果。
- 应多吃富含胶原蛋白和核酸的食物，以及碱性食物。
- 多吃富含维生素的食物。
- 应多食鱼肉，鱼肉中的不饱和脂肪酸能有效地改善大脑功能。

保健小提示

- 困倦时，可以适量运动，或吃酸味、辣味的东西，刺激味觉；或者听节奏感强的音乐，刺激听觉；用冷水洗手洗脸，刺激皮肤。适当保持精神紧张，能促进肾上腺素的分泌量，也能赶走困倦。

玉米鲜鱼粥

材料：

【药材】枸杞子15克。

【食材】白米80克，三宝米50克，鲑鱼150克，鸡胸肉60克，玉米200克，芹菜末15克，香菜少许。

做法：

1. 枸杞子洗净泡发，备用；白米洗净，和三宝米一起用水浸泡1小时，沥干水分，备用。
2. 鲑鱼切小丁；鸡胸肉剁细后，用少许盐腌10分钟；玉米洗净，保留玉米心备用。
3. 熬煮玉米心，水开后，再煮1小时转为小火，再加入玉米粒及其他剩余材料，煮7分钟即可。

药膳功效

本品具有消除疲劳、提神醒脑、帮助发育、预防心血管疾病、抗老化、平肝清热、祛风利湿及润肺止咳等功效。经常食用能降压、安神、醒脑，是高血压、脑动脉硬化、心血管疾病患者的上好佳肴，并且适合于脑力工作者。但过敏体质、尿酸过高及痛风患者不宜多吃。

参片莲子汤

材料：

【药材】莲子40克，人参片10克，大枣10克。

【食材】冰糖10克。

做法：

1. 大枣洗净、去子，再用水泡发30分钟；莲子洗净，泡发。
2. 莲子、大枣、人参片放入炖盅，加水至盖满材料（约11分钟），移入蒸笼，转中火蒸煮1小时。
3. 随后，加入冰糖（冰糖水亦可）续蒸20分钟，取出即可食用。

药膳功效

莲子性平，具有健脾养胃、益肾、养心的功效，搭配人参食用，除了增强其益气的功效外，还可生津止渴，特别适合秋季食用，能有效防止秋燥。本汤适合脾虚消瘦、神乏疲力、出汗、失眠多梦、健忘、大便泄泻者经常食用。

心悸气短

我们会常说“心慌”，在医学上就称为“心悸”。心动过速或心律不齐时都会引起心悸，此时身体氧气不足，常会伴有气促、气短。

对症药材		对症食材	
①黄精	④玉竹	①猪心	④牛肉
②柏子仁	⑤黄芪	②糯米	⑤鱼
③甘草	⑥茯苓	③莲藕	⑥鸡蛋

茯苓

莲藕

健康诊所

病因探究 根据中医传统理论，心悸可分为心血不足、心气虚弱、阴虚火旺、痰火上扰、气滞血淤五种类型。因此，要分清病因对症治疗，在调理和饮食宜忌上也应有所不同。

症状剖析 心悸发生时，很多人无明显自觉症状，有些人则感觉心慌、气促及胸骨后疼痛。但常伴有其他植物神经功能紊乱现象，如头痛、失眠、健忘、眩晕、耳鸣、烦躁等现象并存。

本草药典

黄精

性味 味甘、性平。
挑选 形状呈姜形、有香味者佳。
禁忌 中寒泄泻，痰湿痞满气滞者忌服。

功效

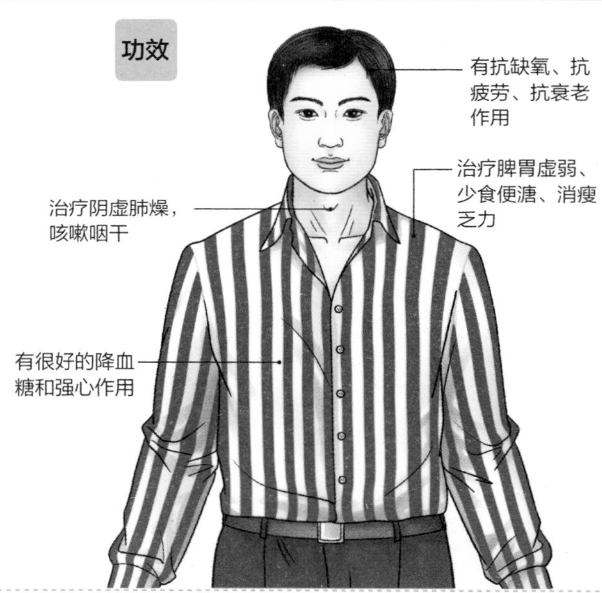

饮食宜忌

宜

- 多食富含维生素C的食物，如水果、新鲜蔬菜。
- 宜食用植物油，并吃脂肪含量较低的鱼类和贝类等蛋白质丰富的食物。

忌

- 少吃含饱和脂肪酸和胆固醇高的食物，如肥肉、蛋黄、动物油、动物内脏等。
- 少吃或不吃蔗糖、葡萄糖等糖类食品。

保健小提示

- 气虚引起的心悸气短者平时适合做一些轻柔的运动项目，比如太极拳、太极剑、瑜伽、慢跑等，不适合长跑、健身等消耗大量体力的运动。

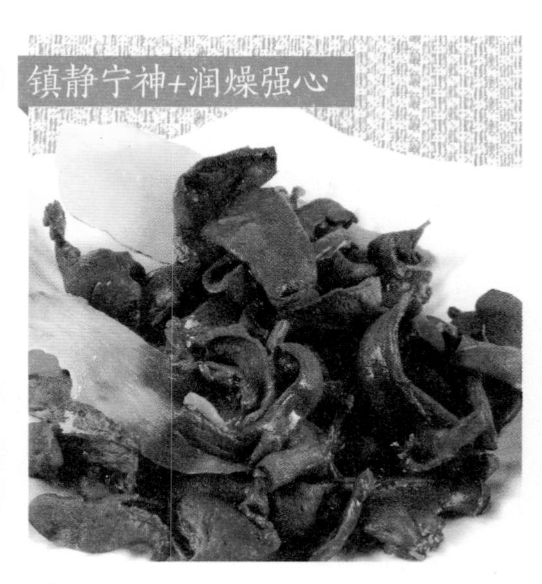

玉竹炖猪心

材料：

【药材】玉竹50克。

【食材】猪心500克，生姜、葱、花椒、味精、白糖、香油、食盐、卤汁各适量。

做法：

1. 将玉竹洗净切成段，用水稍润。将猪心剖开洗净，与生姜、葱、花椒同置锅内，加适量水用中火煮到猪心六分熟时捞出晾凉。
2. 将猪心、玉竹放在卤汁锅内，用文火煮，熟后捞起，切片。
3. 猪心与玉竹一起放入碗内，在锅内加适量卤汁，再放入食盐、白糖、味精和香油加热成浓汁，将浓汁均匀地淋在猪心里外。

药膳功效

此药膳能安神宁心、养阴生津，辅助治疗冠心病；还具有养阴、润燥、除烦、止渴等功效，可治热病阴伤、咳嗽烦渴、虚劳发热、消渴易饥、尿频等症。

茯苓枣仁宁心茶

材料：

【药材】茯苓、炒酸枣仁各100克，朱砂适量。

【食材】清水适量。

做法：

1. 将茯苓和炒酸枣仁碾压成末，混合均匀备用。
2. 取50克药末，加入1克朱砂，装入纱布包，再放入保温杯中，冲入适量开水，加盖焖20分钟，即可饮用。
3. 在1日内饮完，失眠者可在睡前半小时冲泡。

药膳功效

此药饮中的茯苓能补脾、宁心，炒酸枣仁能养心安神、敛汗，朱砂能镇静安神、清热解毒，三者合用对调节人体内分泌、补气养血、宁心安神、定惊非常有效。

本草详解

茯苓，味甘、淡，性平，归心、脾、肾经。主要功效为利水渗湿、健脾、宁心，能治疗水肿、痰饮、脾虚泄泻，以及心悸、失眠等疾病。研究表明，茯苓还有护肝的作用，也能降低胃液分泌，对胃溃疡有一定抑制作用。

茯苓杏片松糕

材料：

【药材】大枣8颗，茯苓5克，杏仁10克。

【食材】白米5杯，米酒、白糖各适量。

做法：

1. 把白米浸泡后磨成粉。按白糖10%、米酒15%、水量45%的比率混合，在30℃下发酵8小时。
2. 将大枣去核切成丝，茯苓用水煮熟，杏仁切成碎粒，依次撒在面团上。
3. 把和好的面团放在松糕框或蒸锅里，加盖蒸熟即可。

药膳功效

本药膳能补益气血、清火排毒、利尿消肿。其中的茯苓是化痰祛湿的良药，能排出身体多余的水分，化解因痰湿内阻引起的胸闷气短，心悸心慌。杏仁以其苦味同样起到利水除湿的效果。米酒则能行气活血、安神助眠，有助于保证休息，恢复体力。

黄芪甘草鱼汤

材料：

【药材】防风5克，甘草5克，白术10克，大枣3颗，黄芪9克。

【食材】虱目鱼肚1片，芹菜段少许，盐、味精、淀粉各适量。

做法：

1. 将虱目鱼肚洗净，切成薄片，放少许淀粉，轻轻搅拌均匀，腌20分钟备用。药材洗净、沥干，备用。
2. 锅置火上，倒入清水，将药材与虱目鱼肚一起煮，用大火煮沸，再转入小火续熬至味出时，放适量盐、味精调味，起锅前加入适量芹菜段即可。

药膳功效

此汤适合平时虚弱无力、呼吸短促、畏寒怕风、体型瘦弱、容易感冒的人食用；还有延缓衰老、增强免疫功能的功效，老人可用来作为日常保健菜肴。白术、黄芪的结合，还可补气血、壮元阳，适用于气虚、血虚、阳痿不举、早泄、梦遗等男性常见病症。

本草详解

防风味辛甘，性微温而润，为“风药中之润剂”，是一味功效很独特的中药。它既能止泻又能通便，既能止血又能通经，还有解热、镇痛、抗炎、抗病原微生物等作用。防风以皮细而紧、中心色淡黄者为佳。

桂圆煲猪心

材料：

【药材】桂圆35克，党参10克，大枣15克。

【食材】猪心1个，姜片15克，精盐、鸡精、香油各适量。

做法：

1. 猪心洗净，去肥油，切小片，大枣洗净去核，党参洗净切段备用。
2. 净锅上火，放入适量清水，待水沸放入切好的猪心汆烫去除血水，捞出沥干水分。
3. 砂锅上火，加入清水2000毫升，将猪心及备好的材料放入锅内，大火煮沸后改用小火煲约2小时，最后再加调味料即可。

本草详解

新鲜的桂圆汁多甜蜜，美味可口。鲜龙眼烘成干果后即成为中药里的桂圆。桂圆营养丰富，有补血安神、健脑益智、补养心脾的功效，“久服，强魄聪明，轻身不老”。但孕妇食用会引起流产或早产，故孕妇忌食。

松仁雪花粥

材料：

【药材】松子仁15克，柏子仁15克，大枣（去核）6颗。

【食材】糯米150克，蛋白2个（约60克），冰糖2大匙。

做法：

1. 松子仁、大枣分别用清水洗净；柏子仁用棉布袋包起备用。
2. 糯米洗净泡水2小时后，和药材一起放入锅中，加水熬煮成粥状，取出药材包后，加入冰糖拌至溶化。
3. 再将打散的蛋白淋入，搅拌均匀即可。

药膳功效

本药膳有很好的安心宁神、养心养血的功效。其中的松子仁除了有补益气虚、安神益智的作用，还因其含有丰富的油脂而具有润滑肠道、帮助排便的功效。

本草详解

柏子仁能安神助眠，治疗失眠烦躁、心悸不安。其含有丰富的油脂，可润肠通便，可以和蜂蜜、松子仁共用，治疗老年虚证便秘。此外，柏子仁还有改善记忆、延缓衰老和滋养皮肤的作用。

安神补脑

长时间的脑力劳动会消耗我们的大脑，压力过大也会使我们的大脑处于一种过劳的状态，因此补脑安神是必不可少的。

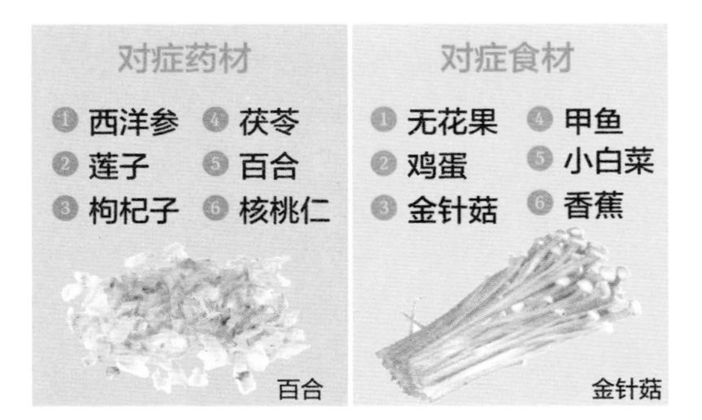

健康诊所

病因探究 精神紧张可以由工作过于单调枯燥、工作时间过长、工作压力过大引起。精神紧张是身体“战备状态”的反应，是环境中的刺激所引起的人体的一种非特异性的应激反应。

症状剖析 表现为心理紧张，精神状态不佳，面色萎靡，内心沉重，甚至痛苦不堪。另外，失眠、头痛、心情沮丧也是精神紧张时常见的症状。

本草药典

茯苓

性味 味甘、淡，性平。

挑选 鲜品质细、嚼之粘牙、香气浓者佳。

禁忌 阴虚无湿热、气虚者慎服。

功效

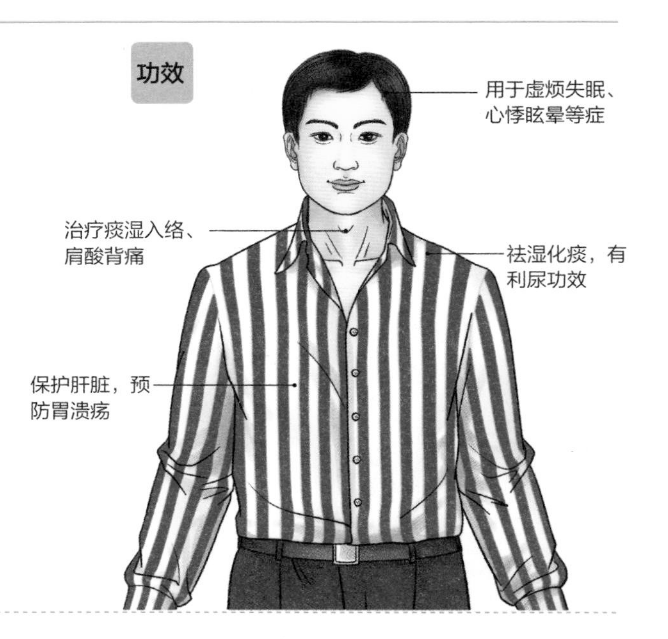

饮食宜忌

宜

- 摄入脂肪、钙、维生素C、糖、蛋白质、维生素A、维生素E等，能促进生长发育。
- 豆芽、鱼虾类、海藻类、蜂蜜、豆类等，都是非常好的健脑食品。
- 多吃鱼头、猪肝、猪脑、瘦猪肉、牛肉、鸡肉、鸭肉、骨髓、海参等健脑的食物。

忌

- 不宜饮用浓茶、咖啡、可乐等刺激大脑神经兴奋的饮料。

保健小提示

- 睡前热水泡脚，能促使全身血管扩张，使人产生睡意，缩短入睡时间。此外，晚上不宜空腹饥饿时睡眠，可以在上床前吃一片面包喝一小杯牛奶，其中色氨酸类物质有助于产生睡意。

核桃豆腐汤

材料：

【药材】核桃仁100克。

【食材】豆腐1块，高汤、酱油、麻油和香菜各适量。

做法：

1. 锅置火上，以少许油热过之后，将核桃仁放入，用小火慢炒，炒熟后备用。
2. 嫩豆腐切丁，用温盐水浸泡些时间（可使豆腐滑嫩且不易煮烂），放入高汤内炖煮20分钟，加酱油后，再煮5分钟。
3. 放入核桃仁，稍勾芡后即可起锅，上桌前滴几滴麻油，撒上香菜即可。

本草详解

核桃仁中的磷脂，对脑神经有良好的保健作用。核桃仁中含有锌、锰、铬等人体不可缺少的微量元素，有促进葡萄糖利用、胆固醇代谢和保护心血管的功能。平时嚼些核桃仁，有缓解疲劳的作用。

莲子百合排骨汤

材料：

【药材】莲子、百合各50克，枸杞子少许。

【食材】排骨500克，米酒、盐、味精各适量。

做法：

1. 将排骨洗净，剁块，放入沸水中汆烫一下，去除血水，捞出备用。
2. 将莲子和百合一起洗净，莲子去心，百合剥成小片备用。
3. 将所有的材料一同放入锅中炖煮至排骨完全熟烂，起锅前加入调味料及放入枸杞子即可。

药膳功效

本药膳具有安定心神、舒缓神经、改善睡眠、增强体力的功效，可以提高人们的工作和生活效率。另外，此汤还可以祛咳化痰、润肺生津，是现代都市人生活必备的一道药膳。

补脑益智家常面

材料：

【药材】茯苓10克，栀子5克，牛蒡100克。

【食材】家常面90克，猪里脊薄片60克，胡萝卜、小白菜各100克，黑香菇、芹菜各75克。

做法：

1. 全部材料洗净、切块备用。将牛蒡等药材放入锅中。
2. 以大火煮沸，再转小火续煮30分钟，即成药膳高汤。
3. 高汤入锅，加入小白菜、芹菜、香菇和猪里脊薄片（事先腌过），再将家常面入滚水煮熟取出即可。

药膳功效

本药膳具有增强脑力、益气、利尿、消积、促进胃肠蠕动的功效。其中茯苓可通利肠道、健脾和胃、宁心安神。搭配具有浓郁芳香的栀子，可以行气醒脑，使紧张的大脑得到放松。

本草详解

栀子能保护肝脏，有明显的收缩胆囊的功效，促进胰腺分泌；有解热镇痛和镇静作用，还能加速软组织的愈合；有持久的降压及防治动脉粥样硬化的作用。

食材百科

市场上的牛蒡粗细不同，粗的中间会有空心，细的比较嫩，适合炖菜、煲汤等。用拇指掐一下，没有木质化的比较嫩。做菜的时候把外面的表皮去掉后应立即放进水中，防止被氧化而变黑。

西洋参甲鱼汤

材料：

【药材】西洋参10克，大枣3颗，枸杞子适量。

【食材】无花果20克，甲鱼500克。

做法：

1. 甲鱼血放净，并与适量清水一同放入锅内加热至水沸，将甲鱼捞出剥去表皮，去内脏洗净，剁成小块，略汆烫后备用。
2. 西洋参、无花果、大枣均洗净备用。
3. 将2000毫升清水放入锅内煮沸后，加入所有材料，大火煲开后改用小火煲3小时，加盐调味即可。

药膳功效

此汤特别适合那些工作繁忙、压力过大的白领女性，可以滋养大脑、补气养阴、清火除烦，而且养胃。西洋参由于品性温和，适合大多数人进补之用，而且四季皆宜。

大枣当归鸡腿

材料：

【药材】大枣5克，当归2克。

【食材】鸡腿100克，猕猴桃80克，米酒、油各适量。

做法：

1. 大枣、当归放入碗中，倒入米酒，浸泡3小时左右。
2. 鸡腿用酱油抹匀，放置5分钟，入油锅中炸至两面呈金黄色，取出、切块。
3. 鸡腿块放入锅中，倒入大枣、当归米酒汤，转中火煮15分钟，取出装盘，猕猴桃洗净、削皮、切片，装盘即可食用。

药膳功效

本菜品可以养血安神，帮助脑力工作者补充脑力，帮助工作紧张的都市人缓解沉重的压力，舒缓紧张的情绪。大枣和当归在一起搭配使用，滋补效果更佳。

食材百科

猕猴桃味道甘酸，性寒，食用后可预防血栓形成，防治前列腺癌和肺癌。猕猴桃榨汁后加蜂蜜饮用可治疗消化不良，还有镇静安神、解热止渴的作用。挑选时，以体形饱满、果皮细腻，果肉颜色浓绿的较好。

第六章 美容养颜篇

中医中有很多美容养颜的方法，比如中药、药膳、针灸、推拿等。其中，药膳是最常见的方法，就是将具有益美容养颜的药材和食材根据其性质合理搭配，以起到良好的美容效果。本章从保湿润肤、祛除皱纹、祛斑祛痘、乌发生发几个方面，选择专业药材，搭配以健康蔬果，制成营养又美味的食疗药膳，适合爱美人士常食。

美容养颜篇

特效药材推荐

防风

【功效】祛风胜湿，抗过敏。

【挑选】以条粗壮、断面皮部色浅棕、木部色浅黄者为佳。

【禁忌】阴血亏虚、热病动风者忌用。

芦荟

「功效」泻下通便，抑菌消毒。

「挑选」叶子粉绿色，基部宽阔，先端渐尖，布有白色斑点，叶周有菜刺状小齿。

「禁忌」体质虚寒或腹泻者禁用。

葛根

「功效」解肌退热，生津去痧。

「挑选」质硬而重，富粉性，以色白、粉性足、纤维性少者佳。

「禁忌」夏日表虚汗多者忌用。

山药

【功效】益气养阴，补脾肺肾。

【挑选】以须毛多，质细腻，肉洁白者为佳。

【禁忌】胸腹胀满、大便干燥、便秘者慎用。

黄芪

【功效】补气健脾，促进代谢。

【挑选】以根条粗长、皱纹少、质坚而常、粉性足、味甜者为佳。

【禁忌】感冒患者、月经期女性忌用。

桑葚

「功效」补血滋阴，生津润燥。

「挑选」果实个大饱满，成熟后呈红色至暗紫色，味微酸而甜者佳。

「禁忌」脾虚便溏者亦不宜吃桑葚。

白芷

「功效」活血排脓，除痈止痒。

「挑选」外表棕黄色，质脆，断面淡黄色，散有棕色油点，气芳香，味辣而苦。

「禁忌」阴虚血热者忌用。

白术

「功效」美白养颜，健脾益气。

「挑选」以根茎粗大、无空心、断面黄白色、干燥者为佳。

「禁忌」胃胀腹胀者忌用。

特效食材推荐

葡萄

「功 效」养血强心，养颜美容。
「挑 选」应选择色泽鲜艳、颗粒均匀且密实，表面上有白粉者。
「禁 忌」不可过多食用。

番茄

「功 效」凉血平肝，养血美白。
「挑 选」果蒂圆润，颜色粉红、浑圆，表皮有白色细密小点者佳。
「禁 忌」不宜空腹食用。

草莓

【功 效】润肺生津，滋润肌肤。
【挑 选】以色泽鲜亮、有光泽，结实、手感较硬，个头适中，不畸形者为佳。
【禁 忌】不宜与黄瓜同食，胃肠功能不佳的人不宜多吃。

燕麦

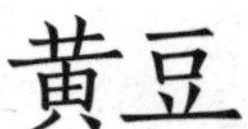

「功 效」益肝和胃，降糖减肥。
「挑 选」以颗粒饱满完整、干燥、无破碎粉末、有麦香味者为佳。
「禁 忌」不可过多食用。

黄豆

「功 效」益血补虚，美发护肤。
「挑 选」以颗粒饱满、油性足、表皮光滑、干燥、无虫蛀、无异味者佳。
「禁 忌」不可过多食用。

保湿润肤

干燥的空气和营养缺乏都会使皮肤干燥，多吃一些滋阴的食物能够保证皮肤水分，同时保持皮肤弹性。

对症药材		对症食材	
①芦荟	④当归	①番茄	④西兰花
②玉竹	⑤白果	②银耳	⑤牛奶
③白芍	⑥大枣	③胡萝卜	⑥雪梨

白芍

雪梨

健康诊所

病因探究 皮肤干燥是指因皮肤缺乏水分而出现不适的现象。年龄增长、气候变化、睡眠不足、过度疲劳、洗澡水过热等都可能导致皮肤干燥，营养不良、脂肪摄入过少或者血虚体质也会引起皮肤干燥。

症状剖析 多发生在春秋风大干燥的时候。皮肤表层变得更粗糙，手背、脚跟、脚腕处会干裂、发痒、起皮屑。面部起红斑，并伴随口、鼻四周皮肤脱落，刺痒难受。

本草药典

芦荟

性味 味苦，性寒。
挑选 叶子粉绿色，有白色斑点。
禁忌 脾胃虚弱、食少便溏及孕妇忌用。

功效

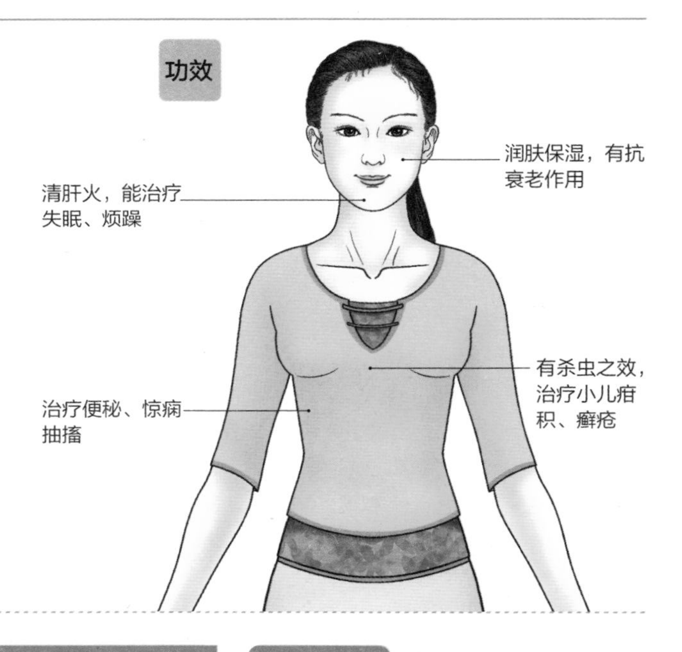

饮食宜忌

宜

- 平时多喝水，补充身体水分，皮肤细胞才不会缺水。
- 多吃新鲜蔬菜水果，其中的维生素C能保持皮肤弹性。
- 多吃含有胶原蛋白和维生素E的食物，帮助受损皮肤的修复再生。

保健小提示

- 空气干燥时，可以随身携带保湿喷雾，以便脸部干燥时使用。每周可以做一次保湿面膜，可以选择芦荟、牛奶等自制面膜。同时，避免熬夜，注意休息，也能很好地改善皮肤干燥。

干贝西兰花

材料：

【药材】白果4.5克。

【食材】西兰花300克，新鲜干贝18克，葱、姜、蒜各少许，盐、鸡精、糖、胡椒粉、花雕酒与高汤、淀粉各适量。

做法：

1. 将西兰花、干贝及白果以水洗净（不需泡水）。
2. 先将西兰花入水余烫熟后捞出备用。把葱、姜、蒜片下油锅中爆香。
3. 加入新鲜干贝、白果一起炒，加入高汤至烧开，再倒入花雕酒与淀粉调成的汁，调味后起锅，淋在作为盘边缀饰的西兰花上，均匀地撒上胡椒粉即可。

药膳功效

西兰花富含多种维生素、蛋白质及矿物质等，有明目、利尿、抗癌的功效。白果能润泽皮肤、消除水肿，是美颜佳品。因此，两者的结合，对改善因疲劳而造成的肤质黯淡无光泽、调节视力等都有帮助，适合爱美的人食用。

洛神水果沙拉

材料：

【药材】洛神花10克。

【食材】虾仁、猕猴桃各70克，香瓜80克，酸奶1大匙，沙拉酱2/3大匙。

做法：

1. 洛神花洗净，加水一起熬煮至水剩下约50毫升时，熄火待凉，取20毫升汤汁和酸奶、沙拉酱拌匀即为调味酱。
2. 将虾仁等洗净，切成块，汆烫熟。
3. 猕猴桃、香瓜分别去皮后，切成小丁，和做法2中的材料一起入盘，淋上调味酱即可。

药膳功效

各种水果含有丰富的维生素C、维生素A以及矿物质，还有大量的水分和膳食纤维，可促进健康、增强免疫力。其中的维生素C能够促进胶原蛋白的生成，保持皮肤的弹性和水分。

本草详解

洛神花含有营养丰富的天然的果酸、花青素、维生素C和多种矿物质。洛神花除制作沙拉外，还可以泡茶饮用，对肠道和子宫有抗痉挛的功效，还可以调节血压、改善睡眠。

芦荟番茄汤

材料：

【药材】芦荟叶肉 100 克。

【食材】番茄2个，鸡蛋1个，香菜2根，淀粉、葱丝、姜丝、盐、味精、香油各少许。

做法：

1. 将番茄洗净、切片，芦荟切丝，鸡蛋搅匀，香菜切末，加入盐、味精等调料备用。
2. 锅置火上，倒入色拉油加热后，放入姜、葱丝煸香，放入芦荟、番茄翻炒。
3. 倒入清水，水开后加入淀粉，倒入鸡蛋，搅拌均匀后调味，放入香菜末即可。

药膳功效

此汤可以清热降火，去除体内油脂、调理肠胃，使肤质变好，并消除皮肤的深色素堆积，让皮肤更加光滑白嫩。其中，芦荟具有清热、通便、杀虫的功效，可治热结便秘、妇女经闭、小儿惊厥等疾病。番茄清热生津、养阴凉血、健胃消食，适于高血压、眼底出血等症的食疗之用。

本草详解

芦荟的种类很多，其中可以食用的是库拉索芦荟。食用后出现红肿、刺痛、起疙瘩、腹痛等不良反应，则属于过敏，应停止食用。初次食用可能有恶心、呕吐或下泻等暂时症状，只要不频繁出现就不用担心。

食材百科

番茄生吃可以补充维生素C，熟吃能够吸收番茄红素，有抗癌功效。购买时要选择表面有淡淡的粉色、有非常细密的小白点的，而不要买亮红亮红的。另外，平顶的比带尖的更甜，口感更细腻。

猴头菇鸡汤

材料：

【药材】黄芪 50 克。

【食材】猴头菇 250 克，鸡 1 只，姜片少许，盐、香油、味精各适量。

做法：

1. 将鸡洗净，剁成约3厘米见方的小块。
2. 再将鸡块入沸水中略烫，捞出，用温水洗净；猴头菇摘去根，泡发，洗净切片。
3. 锅内注入适量清水，放入鸡肉块、黄芪、姜片、盐，煮沸后捞去浮沫，改用小火煮约1小时，再加入猴头菇续炖煮30分钟，滴入香油拌匀，盛入碗内即可。

药膳功效

此汤有健体美容之功效，对治疗皮肤干燥、粗糙有明显效果；还能提高人体免疫功能，对消化道肿瘤患者大有裨益，是宜药宜膳的理想菜品。

本草详解

民间谚语："多食猴菇，返老还童。"猴头菇菌肉鲜嫩，香醇可口，含有丰富的蛋白质和不饱和脂肪。不仅能治疗胃溃疡等疾病，还能润肠通便，有效排出身体毒素，从而达到美容肌肤的作用。

酒酿大枣蛋

材料：

【药材】枸杞子5克，大枣4颗。

【食材】鸡蛋2个，甜酒酿10克，白砂糖10克。

做法：

1. 鸡蛋连壳放入滚水煮熟，剥去外壳；大枣、枸杞子洗净，泡发，备用。
2. 大枣、枸杞子放入锅，加入2碗水，煮至还剩1碗水。
3. 起锅前，加入甜酒酿、砂糖及煮熟剥壳的鸡蛋，搅拌均匀后，即可熄火起锅。

药膳功效

酒酿可以促进乳腺发育，大枣可以活血，常服用此汤可以丰胸并使肌肤红润，是美容、美肤的一道好食品。此外，此药膳还具有养血安神、补气养血、健脾益胃和增强人体免疫力的功效。

祛皱除纹

随着年龄的增长，我们的皮肤都会逐渐变松弛，长出皱纹，这是岁月留下的痕迹。

对症药材		对症食材	
① 黄芪	④ 白芨	① 猪蹄	④ 黄瓜
② 三七	⑤ 人参	② 燕窝	⑤ 银耳
③ 大枣	⑥ 薏苡仁	③ 丝瓜	⑥ 蛋清

薏苡仁　　黄瓜

健康诊所

病因探究 随着年龄的增加，肌肤细胞与细胞之间的纤维也逐渐退化，令皮肤失去弹性，皮下脂肪流失，容易令皮肤失去支持而变得松垂。到我们25岁的时候，皮肤就开始进入衰老期。

症状剖析 皱纹的出现一般都是从眼角、眼袋开始，之后在脖子上出现细纹，再发展到额头、鬓角、嘴角。面部皮肤松弛，一些表情纹开始慢慢变成固定的皱纹，干燥也会和皱纹一起出现。

本草药典

白芨

性味 味苦、甘、涩，性寒。

挑选 以个大、饱满、色白、半透明、质坚实者为佳。

禁忌 不宜与乌头类药材同用。

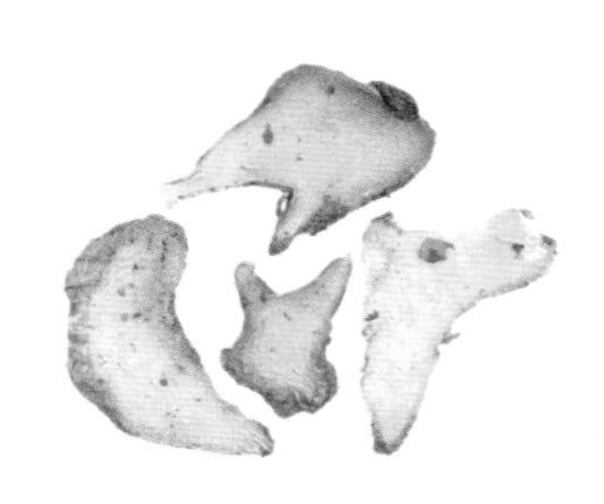

功效

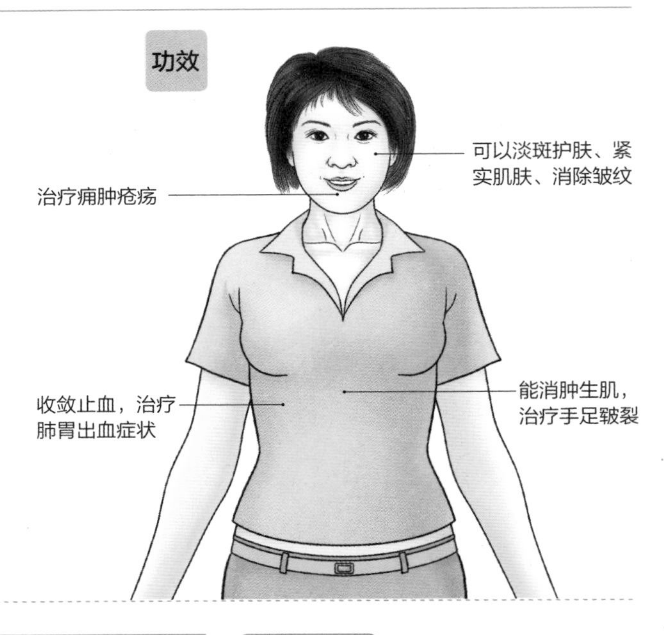

饮食宜忌

宜
- 适宜多吃富含胶原蛋白的食物，如猪蹄、肉皮、肉汤、鱼皮等。
- 宜吃一些含蛋白和抗氧化的果蔬，如豆腐、鱼类、西兰花、卷心菜、海带等。

忌
- 不宜吃腌制食品、烧烤等，忌抽烟喝酒。
- 不可食用霉变食物和含有过氧脂质的食物。

保健小提示

- 按摩消除眼下皱纹的方法是：闭眼，双手手指轻按在双眼两侧，接着把皮肤和肌肉朝太阳穴方向轻轻拉伸，直到眼睛有紧绷感，重复数次。用食指和中指从眼角两侧向斜上方轻推眼侧皮肤，可去除眼角皱纹。

木瓜冰糖炖燕窝

材料：

【药材】无。

【食材】燕窝100克，木瓜2个，冰糖适量。

做法：

❶ 木瓜切开，做成盅，去皮、去子，洗净备用；燕窝用水泡发，备用。

❷ 将燕窝放入木瓜中，锅中放水烧开，将木瓜放入锅中，以小火隔水蒸30分钟。

❸ 起锅后调入冰糖盛起（或冰糖水也可以）即可。

药膳功效

此药膳能促进体内血液和水分的新陈代谢，还可以帮助排便、减轻体重，是很好的减肥、滋润肌肤的美容食品。

本草详解

燕窝是金丝燕分泌出来的唾液形成的，有增强抵抗力、抗过敏、滋阴润肺、补虚养胃的功效。品质好的燕窝是半透明的，色泽通透带微黄，有光泽，细密呈丝状。泡发时要挑去其中的绒毛等杂质。

滋养灵芝鸡

材料：

【药材】灵芝27克，大枣10 颗。

【食材】香菇 10 朵，鸡半只。

做法：

❶ 将香菇、大枣、灵芝用清水洗净，香菇剥成小朵备用。

❷ 鸡肉剁块，洗净，在沸水中氽烫一下，去除血水。

❸ 将所有材料放入锅中，加水至盖过所有材料，然后用中火煮熟烂，快熟前加盐调味即可。

药膳功效

此药膳结合灵芝和大枣的精华，是滋补身体的佳品，适合想要增强体力、提高免疫力的人食用。此菜还能补气养血、延缓肌肤老化、抑制皱纹生成。

美肤猪蹄汤

材料：

【药材】人参须、黄芪、麦冬各10克，薏苡仁50克。

【食材】猪蹄200克，胡萝卜100克，生姜3片，盐适量。

做法：

1. 药材分别洗净，将人参须、黄芪、麦冬放入棉布袋中，薏苡仁泡水30分钟，放入大锅中备用；猪蹄洗净后剁成块，再汆烫后备用。
2. 胡萝卜洗净切块后，与猪蹄一起放入含薏苡仁的锅中，再加药材包、生姜、适量水。
3. 用大火煮滚后转小火，煮约30分钟后将药材包捞出，续熬煮至猪蹄熟透，加入盐调味即可。

药膳功效

本药膳能补充蛋白质，促进皮肤中胶原蛋白的合成和修复，保持皮肤弹性，减少皱纹。人参须、黄芪等还可以补益气血，完成从内到外的调理。薏苡仁则能清火排毒，使皮肤更加年轻。

本草详解

麦冬味甘气凉，鲜品质柔多汁，具有滋燥泽枯、养阴生精的功效，能清心除烦，去除肺胃虚热、助消化，有清热润燥滑肠之功，还可用于肠燥便秘。但脾胃虚寒泄泻、风寒咳嗽者忌服。

食材百科

猪蹄含有大量胶原蛋白，经常食用可有效防治肌肤营养障碍。猪蹄还可改善全身的血液循环，进而使冠心病和缺血性脑病得以改善。此外，炖汤食用还具有催乳作用，对哺乳期妇女具有催乳和美容的双重作用。

银耳雪梨汤

材料：

【药材】无。

【食材】干银耳10克，雪梨1个，冰糖15克。

做法：

❶ 将干银耳用水泡发30分钟，随后清洗、去渣；雪梨洗净、去核，用刀切成小块，盛于碗中，备用。

❷ 砂锅洗净置于锅上，加适量水，先将银耳煮开，再加入雪梨。

❸ 煮沸后转入小火，慢熬至汤稠，起锅前，加冰糖溶化即可。

银耳山药羹

材料：

【药材】山药200克。

【食材】干银耳100克，砂糖15克，水淀粉1大匙。

做法：

❶ 山药去皮、洗净，切薄片；干银耳洗净泡软。

❷ 山药、银耳放入锅中，倒入3杯水煮开，转小火煮15分钟至熟透。

❸ 加入砂糖调味，水淀粉勾薄芡，搅拌均匀即可。

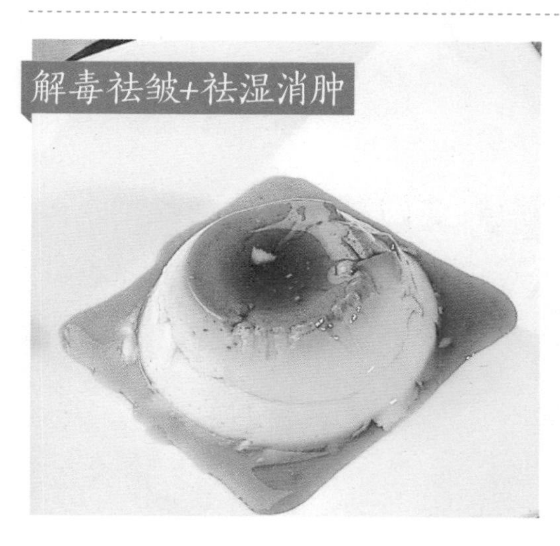

冰冻红豆薏仁

材料：

【药材】薏苡仁150克。

【食材】红豆150克，洋菜、砂糖各适量。

做法：

❶ 红豆、薏苡仁洗净，浸泡20分钟后，加适量水煮至软烂，加糖调味后，倒入果汁机中打匀。

❷ 将打匀的红豆、薏仁放入锅中，加切细的洋菜一起煮，直到洋菜完全溶化。

❸ 倒入布丁模型中，冷冻食用。

祛斑祛痘

当身体里激素失衡或者皮肤感染时，就会长痘；暴晒过度或者进入更年期就会长斑。

对症药材		对症食材	
①绿豆	④人参	①白萝卜	④番茄
②枸杞子	⑤玉米须	②茄子	⑤玉米
③杏仁	⑥玫瑰花	③木瓜	⑥蜂蜜

玉米须

茄子

健康诊所

病因探究 当身体内部新陈代谢和内分泌失调，身体处于不平衡状态的时候，我们的脸上就会长痘和长斑。另外，不注意皮肤卫生，毛孔细菌感染也容易长痘，淤血体质则容易长色斑。

症状剖析 长痘时皮肤毛孔周围会有发红、肿痛等炎症反应，用手按会感觉到肿硬。严重者会化脓感染，甚至引起皮肤组织炎。长斑有的是浅色的雀斑，有的可以是色素沉着形成的大片斑点。

本草药典

绿豆

性味 味甘，性寒。
挑选 色泽新鲜青翠、无干瘪者佳。
禁忌 脾胃虚弱的人不宜多吃。

功效

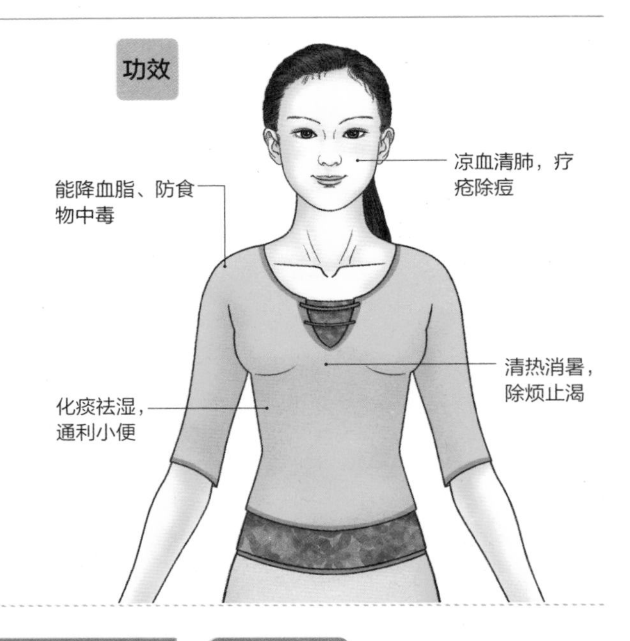

饮食宜忌

宜	● 每天喝一杯番茄汁或常吃番茄，对预防色斑有较好的作用。 ● 多吃新鲜瓜果和蔬菜，及绿豆、燕麦、豆类食物可改善皮肤不良现象。 ● 宜吃清淡类食品，可饮绿茶、金银花茶、苦瓜茶等。
忌	● 忌食刺激类食品，如油腻和辛辣食物。

保健小提示

● 长痘时不能用手乱挤，这样会使细菌感染扩散，或向皮肤深层转移。尤其是鼻子周围的面部三角区长痘，如果乱挤，有可能引起蜂窝组织炎，感染扩散甚至会危及生命；可用含薄荷的牙膏涂在患处消炎。

抗敏关东煮

材料：

【药材】白术、麦冬各10克，黄芪、大枣各15克。

【食材】玉米100克，白萝卜100克，鱼豆腐45克，鳕鱼丸3个，竹轮3个，鸭血100克。

做法：

1. 将各药材分别洗净，放入棉布袋中，和水煮滚转小火熬煮，最后取出药包，留下汤汁备用。其他各材料洗净切块，备用。
2. 将切好的材料放入备好的汤汁，煮滚后转小火熬至萝卜熟烂，再将萝卜切小块，调味后与其他材料连同汤汁一起盛盘即可。

药膳功效

本药膳具有降低血压、降低血脂、抗过敏，滋阴明目的功效。其中的鱼豆腐、鳕鱼丸能滋补肝肾阴虚，和药材搭配能补中益气，增强抵抗力，有效地预防皮肤过敏，还能祛痘。

食材百科

白萝卜能消食下气，清火排毒，其中的芥子油和膳食纤维可促进胃肠蠕动，有助于体内废物的排出。常吃白萝卜可帮助降低血脂、软化血管、稳定血压，预防冠心病、动脉硬化、胆石症等疾病。

玫瑰枸杞养颜羹

材料：

【药材】枸杞子、杏仁各 10 克，玫瑰花瓣20克。

【食材】酒酿1瓶，玫瑰露酒50克，葡萄干10克，白糖10克，醋少许，淀粉20克。

做法：

1. 将新鲜的玫瑰花瓣洗净，切丝备用。
2. 锅中加水烧开，放入白糖、醋、酒酿、枸杞子、杏仁、葡萄干，再倒入玫瑰露酒，待煮开后，转入小火。
3. 用少许淀粉勾芡，搅拌均匀后，撒上玫瑰花丝即成。

药膳功效

枸杞子能补肾益精、养肝明目、补血安神、生津止渴、润肺止咳，治肝肾阴亏、腰膝酸软、头晕、目眩、目昏多泪、虚劳咳嗽、消渴、遗精；玫瑰有抗脂肪肝的作用，将二者结合，可以起到美容补血、祛斑明目的作用。

乌发生发

营养不良、用脑过度和一些遗传因素都会引起白发；压力过大等因素还会导致脱发。何首乌是乌发生发的良药。

对症药材		对症食材	
❶ 何首乌	❹ 茯苓	❶ 核桃	❹ 芦笋
❷ 党参	❺ 枸杞子	❷ 芹菜	❺ 韭菜
❸ 菟丝子	❻ 牛膝	❸ 黑芝麻	❻ 猪脑

党参

韭菜

健康诊所

病因探究 中医认为，头发是“血之余、肾之华”，与脾胃、肝、肾都有密切的关系。肝能为头发提供充足血气，脾负责把营养成分运输到毛发，肾关系到头发的生长、健康状态。“脱发、白发”主要由肝肾虚亏和气血不足等引起。

症状剖析 长期“白发、脱发”患者伴有如下症状：不耐疲劳、目涩耳鸣、忧郁失眠、视力减退、潮热盗汗、肌肤失润等，危害人身健康，后果不堪设想。

本草药典

何首乌

性味 苦甘涩，微温。
挑选 以体重、质坚实、粉性足者为佳。
禁忌 大便溏泄及有湿痰者不宜。

功效

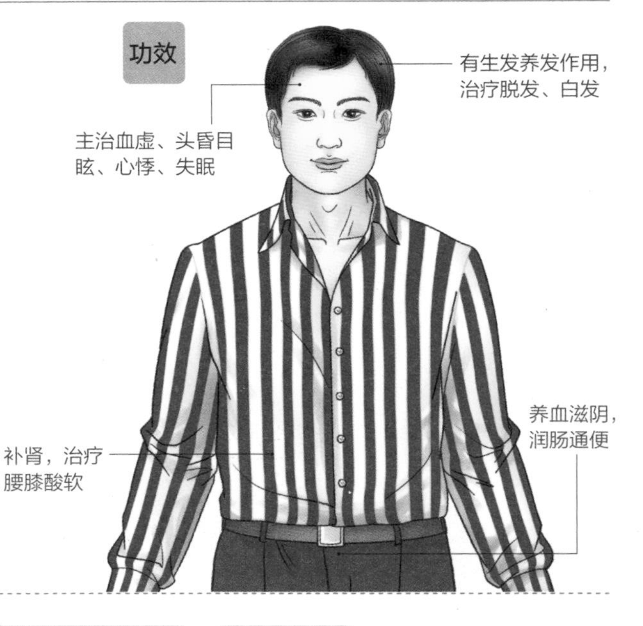

饮食宜忌

宜
- 多吃鸡蛋、牛奶、瘦肉、鱼贝这一类的食物，其中的含硫蛋白质有助于生发。
- 可以食用核桃和黑芝麻之类的食物。
- 选择含锌食物，如动物肝脏、干果等。

忌
- 少吃辛辣、油腻、含糖过多的食物，这些食物会使皮脂腺分泌旺盛，从而引起脱发。

保健小提示

- 每天正确地梳头发有助于预防脱发。选择木质或牛角的梳子，由头顶向下沿着发根生长的方向梳头。每天早上这样梳100次，不仅能防治脱发，还有提神醒脑的功效。

何首乌大枣粥

材料：

【药材】何首乌9克，酸枣仁6克，丹参3克，大枣10颗。

【食材】虾米5克，香菇4朵，米1杯，盐、芹菜末各少许。

做法：

1. 何首乌、酸枣仁、丹参加水250毫升，煎煮20分钟后去渣取汁待用。
2. 虾米、香菇用少许油炒香，将1000毫升的水加入药汁中，再加入虾米、香菇、大枣、米等煮成粥。
3. 加点盐调味，吃前放些芹菜末更可口。

药膳功效

本药膳不仅能黑发养颜，还有补血安神的功效。其中丹参配合酸枣仁，既能补中益气，又能安神助眠，对治疗失眠引起的脱发、白发有很好的效果。大枣更有养血的作用，使头发得到足够的气血滋养，从而起到生发养发的作用。

何首乌党参乌发膏

材料：

【药材】何首乌200克，茯苓100克，党参、枸杞子、菟丝子、牛膝、补骨脂各50克。

【食材】黑芝麻50克，蜂蜜1000毫升。

做法：

1. 将何首乌、茯苓、党参、枸杞子、菟丝子、牛膝、补骨脂、黑芝麻加水适量，浸透，放入锅内煎煮。
2. 每20分钟取煎液一次，加水再煎，共取煎液3次。
3. 合并煎液，先以大火煮开，后转为小火熬至黏稠如膏时，加蜂蜜至沸，停火，待冷却后装瓶备用。

本草详解

补骨脂是补肾药，对中老年人肾虚引起的畏寒、腰酸、尿频、冠心病等慢性病有很好的调养作用。它还能提高免疫功能、扩张冠状动脉，有强心抗癌的作用。不过，因有抗早孕作用，怀孕的女性忌用。

何首乌猪脑汤

材料：

【药材】何首乌30克，黄芪10克，红参须3克，大枣4颗。

【食材】猪脑2副，盐少许。

做法：

1. 将猪脑浸于清水中，撕去表面薄膜，放入滚水中稍滚取出；清水洗净各种药材，红参须去皮切片，大枣去核，备用。
2. 全部材料放入炖盅内，加入适量清水，盖上盅盖，放入锅内，隔水炖1小时，加盐调味即可。

药膳功效

这道菜具有滋养肝肾、补益精血、安神益智的功效，对慢性肝炎、失眠症、晕眩症、贫血、腰肌劳损等病症十分有效。何首乌具有治疗脱发的神奇疗效；猪脑可以滋肾补脑，故本菜同样适用于肾虚脱发者长期食用。

本草详解

红参是经过高温蒸煮加工后干燥制成的，颜色红润，气味浓香。其补虚的作用比普通人参更强，能提高免疫力、抗疲劳、抑制肿瘤、调节内分泌系统。红参有冲茶、熬粥、嚼服、炖煮等多种食用方法。

食材百科

猪脑性凉，适宜体虚、神经衰弱、头晕、头眩耳鸣的人食用。可以蒸煮、卤炖，与天麻一起烹饪有很好的补脑效果。食用时要注意除去表面的脑膜，并挑去血管。但含胆固醇过高，高脂血症患者应少食。

何首乌核桃粥

材料：

【药材】何首乌 10 克。

【食材】核桃仁50 克，米 1 杯，盐 1 小匙。

做法：

1. 何首乌用清水冲洗干净，加5碗水，以大火煮沸，然后转为小火煮15分钟，去掉渣滓，保留汤汁，备用。
2. 将米淘洗干净，放入锅中，加入备好的何首乌汁一同熬煮约30分钟，直至米软烂。
3. 加入适量的核桃仁、盐调味即可。

药膳功效

核桃是药食俱佳的养生佳品，具有补血养气、补肾填精、止咳平喘、润燥通便等功效，用来煮粥可治肾虚腰痛、遗精、阳痿、健忘、耳鸣、尿频等症状。何首乌则具有养血益肝、固肾益精、降低血脂、乌须发、防脱发等功效。两者相搭配可以起到延缓衰老、增强机体抵抗力、乌发生发的作用。

何首乌芝麻茶

材料：

【药材】何首乌（已制过，熟的）15克。

【食材】黑芝麻粉10克，白砂糖少许。

做法：

1. 何首乌洗净，沥干，备用。
2. 砂锅洗净，放入何首乌，加清水750毫升，用大火煮滚后，转小火再煮20分钟，直到药味熬出。
3. 当熬出药味后，用滤网滤净残渣后，加入黑芝麻粉搅拌均匀后，再加入适量白砂糖拌匀即可饮用。

药膳功效

本药膳能黑发乌发。何首乌搭配营养丰富的黑芝麻，还具有补血生血、明目护眼、润肠通便的功效。经常食用，还可降低血脂、抗动脉粥样硬化、延缓衰老。

食材百科

黑芝麻含有大量的不饱和脂肪、蛋白质、维生素、钙、铁等营养成分，有健脑补脑的功效，特别适合脑力工作者食用。购买时，可用手轻轻捻搓，如果掉色就是经过染色的，不可食用。

第七章 女性护理篇

由于生理的特殊结构，女性身体健康需要倾注更多的呵护。女性护理就是针对女性生理健康特征进行的专门调养。本章以月经期、更年期、月子期这三个特殊时期为例，推荐适合不同时期的十九种药膳，方便读者选择。

女性护理篇

特效药材推荐

当归

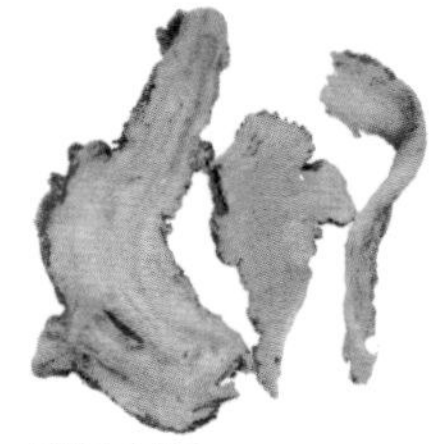

「功效」补血活血，调经止痛。
「挑选」外皮细密，黄棕色至棕褐色，质柔韧，断面黄白色，有黄棕色环状纹。
「禁忌」湿盛中满，大便泄泻者忌食。

香附

「功效」理气解郁，调经止痛。
「挑选」质坚硬，棕黄色或棕红色，断面类白色，气芳香特异，味微苦。
「禁忌」气虚无滞、阴虚血热者忌服。

白芍

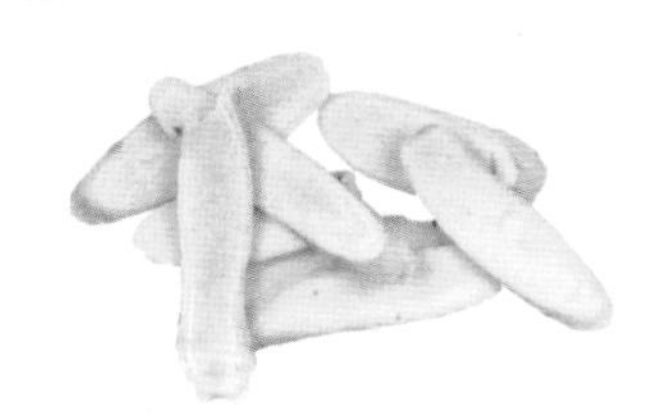

「功效」柔肝止痛，养血滋阴。
「挑选」表面淡红棕色，断面灰白色，木部放射线呈菊花心状。气无，味微苦而酸。
「禁忌」虚寒腹痛泄泻者慎服。

益母草

「功效」活血调经，利尿消肿。
「挑选」茎表面灰绿色或黄绿色，体轻，质韧，多皱缩、易破碎。气微，味微苦。
「禁忌」孕妇禁用。

西洋参

「功效」补气养阴，清热生津。
「挑选」以表面淡棕黄色、主根呈圆柱形或长纺锤形、有密集细横纹者为佳。
「禁忌」中阳衰微，胃有寒湿者忌服。

丹参

【功效】活血调经，除烦安神。
【挑选】以根条粗壮、干燥、色紫红、无芦头及须根者为佳。
【禁忌】孕妇慎用。

艾叶

「功效」调理气血，温经止血。
「挑选」灰绿色或深黄绿色，下表面密生灰白色绒毛，气清香，味苦。
「禁忌」阴虚血热者慎用。

阿胶

「功效」补血止血，滋阴润燥。
「挑选」以乌黑、光亮、透明、质坚脆易碎、无腥臭气者为佳。
「禁忌」胃弱便溏者慎用。

特效食材推荐

木瓜

【功效】通乳抗癌，补充营养。
【挑选】以外表黄透、瓜肚大者为佳。
【禁忌】孕妇、过敏体质者慎食。

乌鸡

「功效」滋养肝肾，养血益精。
「挑选」鸡冠、喙、眼睛和鸡爪乌黑，羽毛洁白，表皮呈自然的灰黑色。
「禁忌」无。

鸡蛋

「功效」补肺养血，滋阴润燥。
「挑选」以形状周正、表皮有光泽、颜色均匀、无裂纹、晃动无声音者为佳。
「禁忌」患有肾脏疾病的人应慎食鸡蛋。

红腰豆

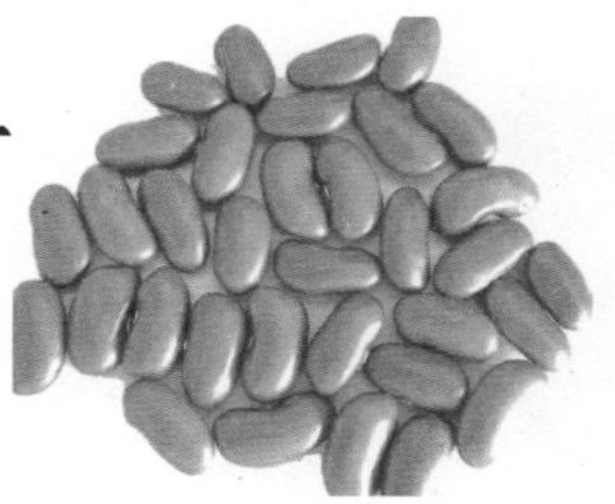

「功效」补血强身，延缓衰老。
「挑选」颗粒饱满、大小比例一致、颜色较鲜艳、没有被虫蛀过者佳。
「禁忌」腹满饱胀者应少食。

牛肉

【功效】补铁补血，抵抗疲劳。
【挑选】新鲜肉有光泽，红色均匀；脂肪洁白或淡黄色。
【禁忌】体内热盛者禁忌食。

经期护理

每隔一个月左右，子宫内膜都会完成增厚直至崩溃脱落并伴随出血的周期性变化，这种周期性排血现象被称为月经。

对症药材		对症食材	
❶ 阿胶	❹ 熟地黄	❶ 乌鸡	❹ 牛肉
❷ 艾叶	❺ 当归	❷ 鸡蛋	❺ 燕麦
❸ 益母草	❻ 黄芪	❸ 淡菜	❻ 黑芝麻

当归

燕麦

健康诊所

病因探究 月经对女性身体的影响主要在于失血，如果失血过多还会造成贫血。同时，身体内激素的变化还会引起身体浮肿、疲劳困乏、精神不济甚至头痛。

症状剖析 月经不调者多以面色苍白或萎黄、唇甲色淡、头晕眼花、失眠健忘、心悸怔忡、痛经、月经量少或经闭为主症。女性只有在月经有规律、气血旺盛的状态下才会显得健康和美丽。

本草药典

益母草

性味 味辛、苦，性微寒。

挑选 茎表面灰绿色或黄绿色；体轻，质韧，断面中部有髓。

禁忌 无淤滞或阴虚血少者忌用。

功效

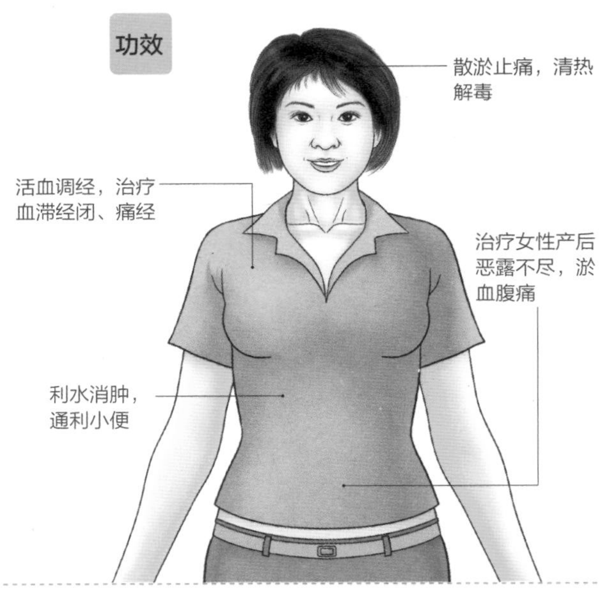

饮食宜忌

宜	➲ 经期因失血，应补充鸡蛋、鹌鹑蛋、牛肉、乌鸡等有生血、养血作用的食物。 ➲ 经期可以吃点甜食，能够补充糖分，有效缓解经期紧张和疼痛。
忌	➲ 忌食冷饮、冷食及性寒的食物。 ➲ 不宜食用性凉的蔬果，如梨、荸荠、菱角、冬瓜、苦瓜、木耳等。

保健小提示

➲ 在月经期间，抵抗力下降，若身体受寒，可导致月经失调或痛经。因此经期不宜吹风受寒，冒雨涉水，冷水洗脚或冷水浴等。同时，应该注意多休息。

花旗参炖乌鸡

材料：

【药材】花旗参10克。

【食材】乌鸡1只，猪肉200克，姜片、盐、味精、糖各适量。

做法：

1. 乌鸡去肠，入沸水中汆烫去除血水；再将猪肉放入水中洗净。
2. 将乌骨鸡、猪肉、花旗参放入炖盅，加适量清水，炖3个小时。
3. 放入姜片及调味料，略煮入味即可。

药膳功效

此药膳适合女性在经期食用，有很好的滋阴补虚作用。乌鸡、花旗参都是上好的滋阴药材。花旗参能益肺阴、清虚火，可治肺虚久咳、咽干口渴、虚热烦倦等症；乌鸡有滋阴、养血、补虚和抗衰老的作用。

艾叶煮鸡蛋

材料：

【药材】艾叶10克。

【食材】鸡蛋2个。

做法：

1. 将艾叶洗净，加水煮开后，慢慢熬煮至熬出颜色。
2. 稍微放凉后，再加入鸡蛋一起炖煮，待鸡蛋壳变色即可食用。

药膳功效

鸡蛋蛋黄中的卵磷脂、甘油三酯、胆固醇和卵黄素，对神经系统和身体发育有很大的作用，可增强记忆力、延缓智力衰退，和艾叶搭配有很好的补血安神功效，适合经期失眠、体寒腹痛的人作为滋补佳品。

本草详解

艾叶是由艾蒿的叶片干燥后得到的，有理气血、驱寒湿、安胎的作用，可治心腹冷痛、久痢、吐衄、下血、月经不顺等病症。以背面灰白色、绒毛多、香气浓郁者为佳。艾叶还可用于熏香，可驱虫驱蚊。

熟地当归鸡汤

材料：

【药材】熟地黄25克，当归15克，川芎5克，炒白芍10克。

【食材】鸡腿1只，盐适量。

做法：

1. 鸡腿剁块，放入沸水汆烫、捞起、冲净，药材以清水快速冲净。
2. 将鸡腿和所有药材盛入炖锅，加6碗水以大火煮开，转小火续炖30分钟。
3. 起锅并加盐调味即成。

药膳功效

这道菜品可以调经理带，可治疗妇女病、血虚证、妇女月经失调、带下等。此外，性功能失调，如性交疼痛、性冷淡、阴道痉挛等现象，都适合以此汤进行调理。本汤不仅是妇女的保养汤，也适合男性，贫血、血虚、体弱的男性也可以此补血、活血，且不损男性阳刚之气。

百合炒红腰豆

材料：

【药材】百合250克。

【食材】西芹250克，红腰豆100克，葱油、姜汁、盐、味精、鸡精粉、淀粉各适量。

做法：

1. 西芹洗净，切成段，百合洗净。
2. 西芹、百合、红腰豆放入沸水中汆烫，另起锅加入葱油、姜汁烧热后，再放入西芹、百合、腰豆翻炒。
3. 加入盐、味精、鸡精粉炒匀，用淀粉勾芡，盛出装盘即可。

食材百科

红腰豆原产于南美洲，它含有丰富的维生素及铁、钾等矿物质，是豆类中营养最丰富的一种，有补血生血、增强免疫力、帮助细胞修复及抗衰老的功效。需要注意的是，红腰豆焯水的时间不能太久，否则会影响口感。

补气玉米排骨汤

材料：

【药材】党参、黄芪各9克。

【食材】玉米适量，小排骨250克，盐适量。

做法：

1. 玉米洗净，剁成小块，排骨以沸水汆烫过后备用。
2. 将所有材料一起放入锅内，以大火煮开后，再以小火炖煮40分钟，起锅前以少许盐调味即可。

食材百科

玉米具有调中开胃、清湿热、利肝胆、延缓衰老等功能。玉米含有丰富的不饱和脂肪酸，对冠心病、动脉粥样硬化、高脂血症等有预防和辅助治疗的作用。此外，玉米中的膳食纤维能刺激肠蠕动，润肠通便。

药膳功效

党参、黄芪都有补气功效，与玉米、排骨一起煮汤，不仅可以让汤汁更香甜，也能促进血液循环和雌激素的正常分泌，帮助乳房发育，达到塑身的效果。

补气人参茄红面

材料：

【药材】人参须5克、麦冬15克、五味子2.5 克。

【食材】番茄面条90克，番茄150克，秋葵100克，低脂火腿肉60克，高汤800毫升，盐2小匙，香油 2 小匙，胡椒粉 1 小匙。

做法：

1. 将药材洗净，与高汤同煮，制成药膳高汤；番茄切片，秋葵切片，火腿肉切丝备用。
2. 面条放入滚水中煮熟，捞出放在面碗中，加入调味料。
3. 药膳高汤加热，加入番茄、秋葵煮熟，倒入面碗中，搭配火腿丝即可。

药膳功效

本药膳适合气血不足而引起月经不调的女性食用。番茄中含有番茄红素，加热后食用能有效预防宫颈癌。秋葵营养丰富，含有各种微量元素，如钾、镁等，可以帮助消化，与人参须、麦冬、五味子搭配食用，可增强免疫力。

调经补血

女性的月经周期在26～30天之间都属于正常。月经不正常包括经期提前、月经推迟、经期过长、月经过多等。

对症药材

1. 玫瑰花
2. 川芎
3. 桂圆
4. 当归
5. 大枣

川芎

对症食材

1. 花生
2. 胡萝卜
3. 大豆
4. 乌鸡

乌鸡

健康诊所

病因探究 月经问题可由以下几种原因引起：下丘脑等内分泌器官功能不稳定；卵巢黄体功能不好，常表现为周期缩短，或月经出血量较多；生殖器官局部的炎症、肿瘤及发育异常等。过度节食、营养不良也是月经紊乱的重要诱因。

症状剖析 经期提前，是指月经周期短于21 天；月经推迟，是指月经错后7天以上。每次月经血量应该在85毫升之内，超出的就是月经过多；如果月经量少于10毫升就是月经过少。

本草药典

玫瑰花

性味 味甘、微苦，性温。
挑选 紫红色、气芳香浓郁者为佳。
禁忌 阴虚有火者忌食食。

功效

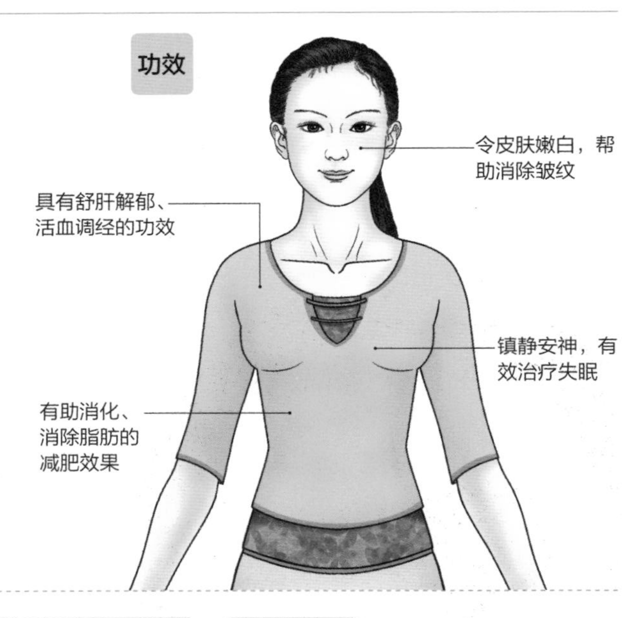

饮食宜忌

宜

- 宜吃补血食物，如用阿胶、大枣、当归、黄芪等滋补类药材辅以饮食。
- 可多食用牛奶、花生、粳米、鸡蛋等，以合理搭配为宜。
- 注意均衡营养，合理补充蛋白质、脂肪及多种维生素。

忌

- 忌生冷、有刺激性、辛辣的食物。

保健小提示

- 当月经不调时，可以按摩中极穴来调养。中极穴在下腹部，前正中线上，当脐中下4寸处。用中指按揉，早晚各一次，能帮助治疗月经不调、痛经、带下、子宫脱垂、经前水肿等病症。

牛奶大枣粥

材料：

【药材】大枣20颗。

【食材】白米100克，鲜牛奶150克，白砂糖适量。

做法：

1. 将白米、大枣分别洗净，泡发1小时。
2. 起锅入水，将大枣和白米同煮，先用大火煮沸，再改用小火续熬，大概1个小时。
3. 鲜牛奶另起锅加热，煮沸即离火，再将煮沸的牛奶缓缓调入之前煮好的大枣白米粥里，加入砂糖拌匀，待煮沸后适当搅拌，即可熄火。

药膳功效

牛奶含有丰富的蛋白质、脂肪和碳水化合物，还含有多种矿物质和维生素。大枣是补中益气、养血安神的佳品，对各种虚证都有补益调理作用。牛奶大枣粥易于消化，营养丰富，常食对治疗产妇气血两虚有益处。需要注意的是，加入牛奶后不可长时间煮沸，否则会破坏其中的维生素和蛋白质。

当归三七乌鸡汤

材料：

【药材】当归20克，三七8克。

【食材】乌鸡肉250克，盐5克，味精3克，酱油2毫升，油5克。

做法：

1. 把当归、三七用水洗干净，然后用刀剁碎。
2. 把乌骨鸡肉用水洗干净，用刀剁成块，放入开水中煮5分钟，再取出过冷水。
3. 把所有的材料放入炖盅中，加水，慢火炖3小时，最后调味即可。

药膳功效

乌鸡和当归、三七搭配，有补血补气之作用。适用于改善气血不足、产后出血、产后体虚等症，特别适合血虚有淤引起月经不调、经痛的女性经常食用。

本草详解

当归又名秦归，它有活血补血的功效，为治血虚证的重要之药，对妇女调整子宫功能气血循环也有很好的功效。以辅疗形式添加到粥、汤中，可用来治疗慢性盆腔炎等妇科疾病。

玫瑰香附茶

材料：

【药材】香附3克，玫瑰花1.5克。

【食材】冰糖1大匙。

做法：

1. 玫瑰花洗净，沥干。香附以清水冲净，加2碗水熬煮约5分钟，滤渣，留汁。
2. 将备好的药汁再滚热时，置入玫瑰花，加入冰糖搅拌均匀。
3. 待冰糖全部溶化后，药汁会变黏稠，搅拌均匀即可。口味清淡者亦可不加冰糖。

药膳功效

此茶具有调节内分泌，改善月经失调、痛经，减轻压力的作用。此茶还可解肝郁、心烦，对更年期妇女的躁郁、情绪不稳定有缓解作用。

本草详解

香附的功效源于其“香”，香者行气通窍。香附能疏解肝郁，对月经周期紊乱、行经头痛、小腹胀痛有很好的疗效；还能调节胃肠，治疗消化不良等胃气不合的症状。不过，血热而月经过多的人禁用。

食材百科

玫瑰花有多种吃法，干品可以用来泡玫瑰花茶。鲜的玫瑰花可以用来做玫瑰花酱：做法是新鲜玫瑰花苞洗干净，沥干水分，装入干净的玻璃瓶中，加入适量白糖，腌渍1个月即成。

桂圆大枣茶

材料：

【药材】大枣10颗，桂圆肉100克。

【食材】冰糖100克。

做法：

1. 大枣洗净，以刀背微微拍裂，并去子。
2. 锅内加3碗清水，放入大枣，煮到呈圆润状。
3. 加入桂圆肉和冰糖，待桂圆肉释出甜味，冰糖溶化后即可熄火。

川芎白芷炖鱼头

材料：

【药材】川芎3克，白芷3克，西洋参12克，枸杞子12克。

【食材】鲑鱼头1/2个，姜4片，盐适量。

做法：

1. 西洋参、川芎、白芷、枸杞子分别洗净，放入锅中，加水煮沸，转入小火慢熬3小时。
2. 将鲑鱼头洗净，沥干水分，放入加有药材的锅内，再放入姜片，炖30分钟，用盐调味即可。

大枣鸡肉汤

材料：

【药材】夜来香30克，大枣30克。

【食材】鸡腿150克，盐5克，味精3克，姜片5克。

做法：

1. 将鸡腿、夜来香、大枣洗净，并将大枣泡发，鸡腿汆水备用。
2. 锅中加水，放入姜片、鸡腿、大枣，煲4分钟后，最后放入夜来香、盐、味精等调味料即可。

更年期饮食

妇女更年期的饮食养生、营养调节，是预防和调治更年期女性生理功能变化、保持健康的重要保证。

对症药材		对症食材	
❶ 莲子	❹ 当归	❶ 藕	❹ 胡萝卜
❷ 大枣	❺ 山药	❷ 燕麦	❺ 苹果
❸ 甘草	❻ 白芍	❸ 黑芝麻	❻ 玉米

白芍

苹果

健康诊所

病因探究 随着年龄的增长，到45~55岁之间，身体开始进入老化和衰退的时期，这就是更年期。这时身体内性激素的分泌和代谢都出现明显变化，由此引起的各种症状统称为“更年期综合征”。

症状剖析 月经周期紊乱或间隔期延长，月经血量越来越少，皮肤、头发枯燥，口腔等处的黏膜干燥，容易感染发炎，还会出现咽干、声音嘶哑，腰腿痛，骨质疏松等现象。

本草药典

莲子

性味 味甘、涩，性温，无毒。
挑选 黄白色、饱满肥厚、中有空隙者佳。
禁忌 中满痞胀及大便燥结者忌服。

功效

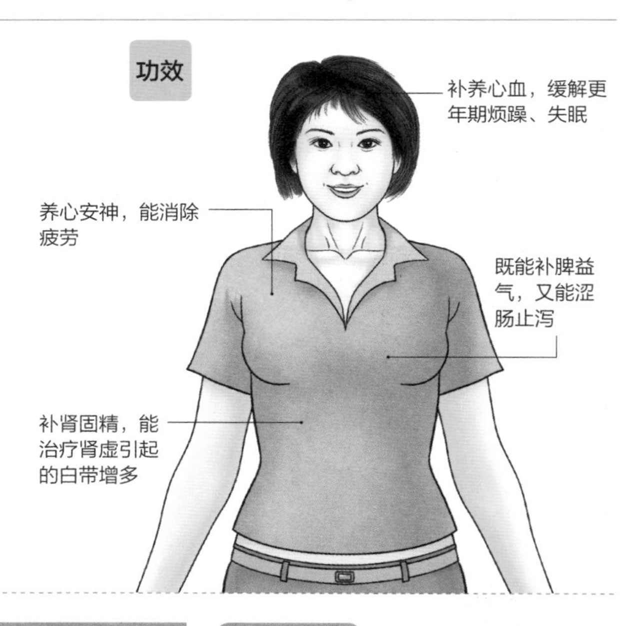

饮食宜忌

宜
- 豆制品是更年期饮食的首选，还要多吃如牛奶、鸡蛋、瘦肉、鱼类等高蛋白的食物，补充蛋白质。

忌
- 注意补充B族维生素，可以选择小米、玉米、燕麦等粗粮，以及蘑菇、瘦肉、牛奶、绿叶蔬菜和水果等。
- 适当地控制甜食和盐的摄入量，注意补钙。

保健小提示

- 女性更年期是宫颈癌、乳腺癌等恶性疾病的高发时期，所以一旦进入更年期，女性应该每半年或一年到医院进行一次体检。另外，要保持心情舒畅。

白芍排骨汤

材料：

【药材】白芍10克，刺蒺藜10克。

【食材】莲藕300克，小排骨250克，盐2小匙，姜适量。

做法：

1. 白芍、刺蒺藜装入棉布袋扎紧；莲藕用清水洗净，切块。
2. 小排骨洗净，汆烫后捞起，再用凉水冲洗，沥干，备用。
3. 将步骤1、2中备好的材料放进煮锅，加6～7碗水，大火烧开后转小火约30分钟，加盐调味即可。

药膳功效

本药膳能清热凉血、平肝解郁，缓解更年期气血淤滞引起的胸胁胀痛、焦虑烦躁、乳房疼痛等症状。莲藕有很好的清热祛火解毒的功效，搭配刺蒺藜，能有效地消除更年期肿胀。

本草详解

刺蒺藜有平肝解郁、活血祛风、明目和止痒的功效，用于头痛眩晕、胸胁胀痛、乳闭乳痈等症。用等量的蒺藜、当归研成粉末，每次9克冲服，可治疗月经不调；用蒺藜每日煎汤洗，可治疗通身浮肿。

麦枣甘草萝卜汤

材料：

【药材】甘草15克，大枣10颗。

【食材】小麦100克，白萝卜150克，排骨250克，盐2小勺。

做法：

1. 小麦洗净，以清水浸泡1小时，沥干。
2. 排骨汆烫，捞起，冲净；白萝卜削皮、洗净、切块；大枣、甘草洗净。
3. 将所有材料盛入煮锅，加8碗水煮沸，转小火炖约40分钟，加盐即成。

本草详解

甘草味道很甜，是名副其实的“甜草”，具有补脾益气、清热解毒的功效，可用于祛痰止咳、止痛、调和诸药毒性。甘草对气虚引起的脾胃虚弱、倦怠乏力、心悸气短，以及脘腹挛痛疗效很好。

西洋参炖土鸡

材料：

【药材】西洋参3克，莲子、芡实各15克，枸杞子3克，大枣5颗。

【食材】土鸡1/4只，老姜10克，米酒半杯，盐适量。

做法：

1. 将西洋参、莲子、芡实、枸杞子洗净备用。
2. 土鸡用微火去掉细毛，用水洗净，切块，再汆烫一下，沥干，备用。
3. 将药材用大火煮沸，接着放切好的鸡块、姜片，待再次煮沸时，放入米酒，搅拌均匀后，用小火炖煮30分钟后调味即可。

药膳功效

本药膳具有温中理气、暖胃健脾、补气养阴的功效，对孕妇以及中年妇女具有很好的保健养颜作用。同时，它还能增强体力和免疫力，是调气养血的药膳佳品。

本草详解

西洋参为五加科植物，其根为清补保健之名贵佳品。与性温的人参相比，西洋参性寒凉，刚好弥补了人参性温偏燥的不足。在服用方法上，有煎水服用、含服、炖服等多种。

食材百科

土鸡是放养的杂交品种，头很小、胸腿肌健壮、鸡爪细，冠大直立。相对于肉食鸡，土鸡营养更加丰富，蛋白质和维生素的含量都较高，更有益五脏、补虚亏、健脾胃、强筋活血、调经止带等功效。

地黄乌鸡汤

材料：

【药材】生地黄10克，大枣10颗。

【食材】乌骨鸡1只，猪肉100克，姜20克，葱和盐各5克，味精3克，料酒5毫升，高汤500毫升。

做法：

1. 将生地黄浸泡5小时后取出切成薄片；大枣洗净沥干水分；猪肉切片。
2. 乌鸡去内脏及爪尖，切成小块，用热水汆烫去除血水。
3. 将高汤倒入净锅中，放入乌鸡块、猪肉片、地黄片、大枣、姜，烧开后加入盐、料酒、味精、葱调味即可。

药膳功效

此汤品具有补虚损、益气血、生津安神等功效，可以治疗血热伤津、心烦热燥、牙痛等病症，是女性安心、养气的上好补品，尤其适宜处于更年期的女性食用。长期食用，可减少心烦气躁、气血虚损等的生理不适症。

本草详解

地黄为玄参科植物。生地黄为清热凉血药；熟地黄则为补益药。生地黄可治疗阴虚血少、低热不退、消渴或月经不调等，以块大体重、断面乌黑、油润者为佳。中医认为，生地黄与萝卜、葱白、韭白、薤白相克。

猪肚炖莲子

材料：

【药材】莲子40颗。

【食材】猪肚1副，香油、食盐、葱、姜、蒜各适量。

做法：

1. 猪肚洗净，刮除残留在猪肚里的余油；莲子用清水泡发，去除苦心，装入猪肚内，用线将猪肚的口缝合。
2. 将猪肚放入沸水中汆烫一下，接着清炖至猪肚完全熟烂。
3. 捞出洗净，将猪肚切成丝，与莲子一起装入盘中，加各种调味料拌匀即可。

药膳功效

此道菜具有清心、开胃、安定心神、调理肠胃功能的作用。莲子是一味补益效果很好的中药，其甘能补脾、平能实肠，其涩能固精。可调世人喜食，老少咸宜。这道药膳具有补脾益肺、养心益肾和固肠等作用，能够治疗心悸、失眠、体虚等更年期症状。

月子养护

孕妇分娩以后，身体和子宫都需要时间来恢复。从胎儿生出到产后六周的这段时间就是产褥期，俗称“月子”。

对症药材

① 当归 ④ 熟地黄
② 白术 ⑤ 黄芪
③ 党参

党参

对症食材

① 乌鸡 ④ 核桃仁
② 香菇 ⑤ 牛奶
③ 鲫鱼

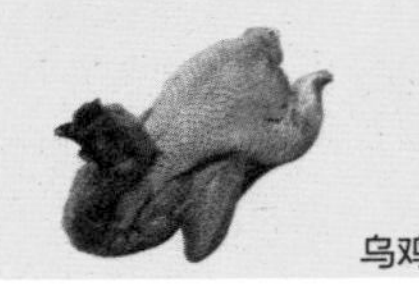

乌鸡

健康诊所

病因探究 中医认为，在怀孕过程中，胎儿的成长对孕妇来说是很大的耗损。而在分娩时，产妇因为用力、出汗及大量血液的流失，造成气血亏虚，抵抗力减弱，因而有“产后百骸空虚”之说，所以应注意产后调补。

症状剖析 许多女性在生产或流产后，都没有好好坐月子，以至于日后常有头晕、头痛、肩背痛、腰酸、容易感冒、疲倦、月经不调、黑斑、掉头发、手足冰冷、白带多等症状出现。

本草药典

当归

性味 味甘、辛，性温。

挑选 以主根粗长、油润、外皮颜色为黄棕色、肉质饱满、断面颜色黄白、气味浓郁者为佳。

禁忌 热盛出血者忌服，湿盛中满及大便溏泄者、孕妇慎服。

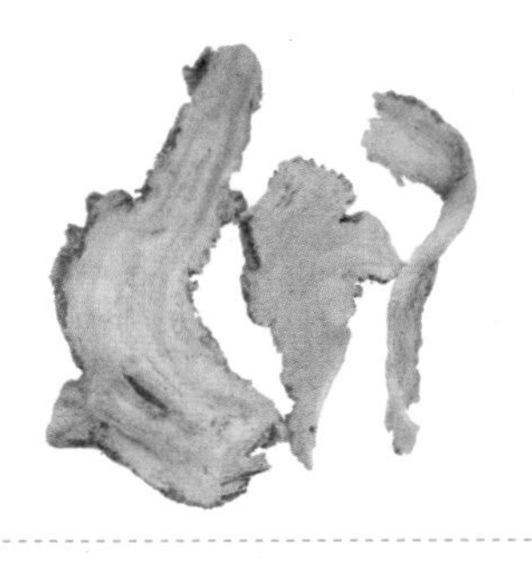

功效

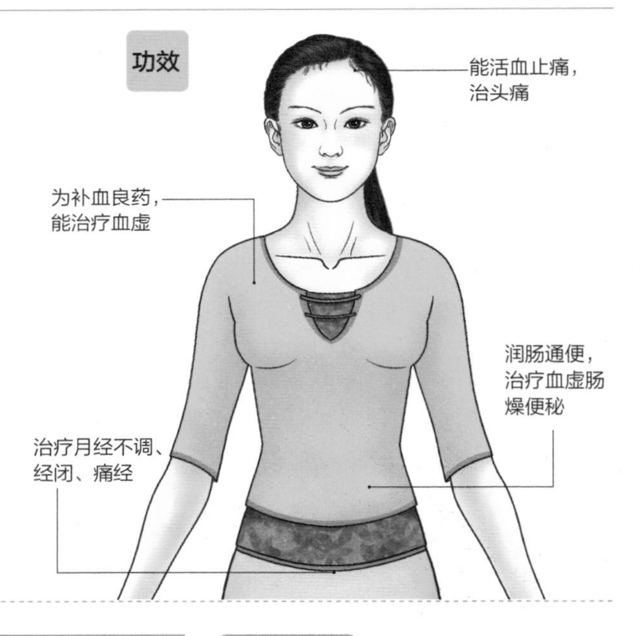

饮食宜忌

宜	多进食各种汤饮，汤类易消化吸收，还可促进乳汁分泌，利于补充营养。 生产出血和哺乳都会消耗身体里的铁，补充铁能避免发生贫血，还应该及时补充钙质。
忌	忌食生冷、辛辣、过于油腻的食物，避免影响肠胃和食欲。

保健小提示

这段时间卧室的环境应保持清洁、通风。室温保持在26℃～28℃最合适，夏季可以开风扇或空调，但产妇不可直接吹冷风。此外，洗澡应选择淋浴，时间不宜过长，10～15分钟为宜。

十全大补乌鸡汤

材料：

【药材】当归、熟地黄、党参、炒白芍、白术、茯苓、黄芪、川芎、甘草、肉桂、枸杞子、大枣各10克。

【食材】乌鸡腿1只。

做法：

1. 乌鸡腿剁块，放入沸水汆烫、捞起、冲净，药材以清水快速冲洗。
2. 将鸡腿和所有药材一起盛入炖锅，加7碗水以大火煮开。
3. 转小火慢炖30分钟即成。

药膳功效

十全大补汤既补气又补血，促进血液循环、利尿消肿、提振精力，并滋肾补血、调经理带、消减疲劳，兼顾调理气血、经脉、筋骨、肌肉等组织及血液循环。搭配乌鸡炖补，不但适宜产后女性食用，也可治疗男女气血失调、虚弱而导致的性功能失调。

当归猪肝汤

材料：

【药材】当归6克，黄芪9克，丹参、生地黄各4.5克。

【食材】姜5片，米酒半碗，麻油1汤匙，猪肝200克，菠菜1/3把，水3碗。

做法：

1. 当归、黄芪、丹参、生地黄洗净，加3碗水，熬取药汁备用。
2. 麻油加葱爆香后，放入猪肝炒半熟，盛起备用。
3. 将米酒、药汁入锅煮开，再放入猪肝煮开，接着放入切好的菠菜煮开，适度调味即可。

药膳功效

此汤有补益气血、益肝明目、利水消肿等功效。当归补血，黄芪补气，丹参活血通经，生地黄清热凉血，而姜、酒、麻油均温热行气，猪肝、菠菜补血。所有材料合用具有既补血又活血的作用，适于产后气虚血少、乳汁分泌不足的妇女食用，也适宜气血虚弱的癌症患者食用。

第八章 清热排毒篇

中医认为体内的湿、热、痰、火、食，都会积聚成『毒』，这些毒素会对身体造成很大伤害。因此，要及时清除体内毒素。体内毒素既有外部环境带来的，也有身体内部产生的，因此要选择科学的方法进行排毒。在改善外部环境的同时，我们可以有意识地选择排毒食物。本章围绕清热排毒展开论述，将具有清热、排毒效果的食物，配伍相应中药材，制成美味药膳，方便读者轻松排毒，享受健康。

清热排毒篇
特效药材推荐

绿豆

【功效】清热解毒，消暑利水。
【挑选】外皮蜡质，子粒饱满、均匀，很少破碎，无虫，不含杂质者佳。
【禁忌】脾胃虚寒、肠滑泄泻者忌用。

土茯苓

【功效】解毒除湿，通利关节。
【挑选】以断面淡棕色、粉性足者为佳。
【禁忌】肝肾阴虚者慎服。

蒲公英

「功效」化解热毒，消除恶肿。
「挑选」其茎、叶都像苦苣，花黄色而大者佳。
「禁忌」阳虚外寒、脾胃虚弱者忌用。

板蓝根

【功效】清热解毒，凉血利咽。
【挑选】以根平直粗壮、坚实、粉性大者为佳。
【禁忌】脾胃虚寒者忌用。

金银花

「功效」清热解毒，养血止渴。
「挑选」表面黄白色或绿白色，密被短柔毛，气清香，味淡、微苦。
「禁忌」脾胃虚寒及气虚疮疡脓清者忌服。

鱼腥草

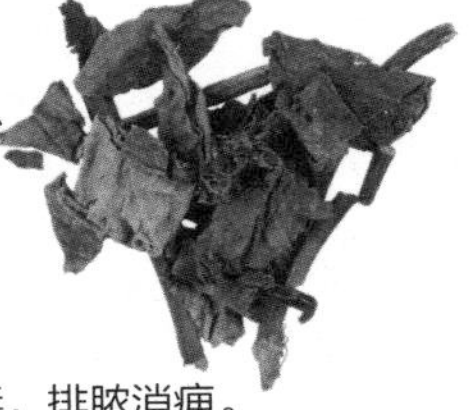

「功效」清热解毒，排脓消痈。
「挑选」以叶多、色绿、有花穗、鱼腥气浓、味微涩者为佳。
「禁忌」虚寒性体质及疔疮肿疡而无红肿热痛者禁用。

穿心莲

【功效】清热解毒，凉血消肿。
【挑选】上表面绿色，下表面灰绿色，两面光滑；气微，味极苦。
【禁忌】不宜多服、久服，脾胃虚寒者忌用。

连翘

【功效】清热解毒，消肿散结。
【挑选】青翘以色青绿、无枝梗者为佳；老翘以色黄、壳厚、无种子、纯净者为佳。
【禁忌】脾胃虚寒及气虚脓清者忌用。

特效食材推荐

芦笋

「功效」帮助消化，降低血脂。
「挑选」形状正直、笋尖花苞紧密、表皮鲜亮不萎缩，细嫩粗大，基部未老化者佳。
「禁忌」芦笋不宜生吃。

冬瓜

【功效】清热止渴，保护肝肾。
【挑选】嫩冬瓜要鲜嫩多汁；老冬瓜则要发育充分，老熟，肉质结实，肉厚心室小，皮色青绿带白霜，表皮没有斑点，没有外伤，皮不软不烂。
【禁忌】脾胃虚寒、阳气不足、阴虚消瘦者不宜服食。

西瓜

【功效】清热解暑，利尿除烦。
【挑选】瓜形端正，瓜皮坚硬饱满，花纹清晰，表皮稍有凹凸不平的波浪纹；瓜蒂、瓜脐收得紧密，略为缩入，靠地面的瓜皮颜色变黄，就是成熟的标志。
【禁忌】脾胃虚寒者慎食。

油菜

「功效」清热爽神，清肝利胆。
「挑选」大小适中、叶片肥厚适中、叶质鲜嫩、叶绿梗白且无蔫叶者佳。
「禁忌」尿频、胃寒腹泻的人应少吃。

苦瓜

「功效」解毒明目，补气益精。
「挑选」瓜身表面颗粒越大越饱满、表示瓜肉越厚、颜色翠绿的比较鲜嫩。
「禁忌」脾胃虚寒者不宜多食。

祛火排毒

我们常常会提到“上火”，中医上讲，这是由人体里的阴阳失衡造成的。要调理上火，就要滋阴补水。

对症药材

❶ 茵陈 ❷ 柴胡 ❸ 金银花 ❹ 玄参 ❺ 菊花 ❻ 生地黄

菊花

对症食材

❶ 番茄 ❷ 白萝卜 ❸ 冬瓜 ❹ 苦瓜 ❺ 黄瓜 ❻ 柚子

冬瓜

健康诊所

病因探究 过度劳累、压力过大、精神紧张等原因都可能引起身体里阴阳失衡，身体里的阳气过盛就会导致上火。

症状剖析 胃火可以引起胃疼、便秘、口臭等症状；肺火会有咳嗽、黄痰、咽喉干痛等症状；肝火会引起烦躁、失眠，女性出现乳房胀痛、乳腺增生、月经不调等。

本草药典

茵陈

性味 味苦、辛、性凉。
挑选 红色或紫红色，质柔软、味甜，大小均匀者佳。
禁忌 蓄血发黄者、血虚萎黄者慎用。

功效

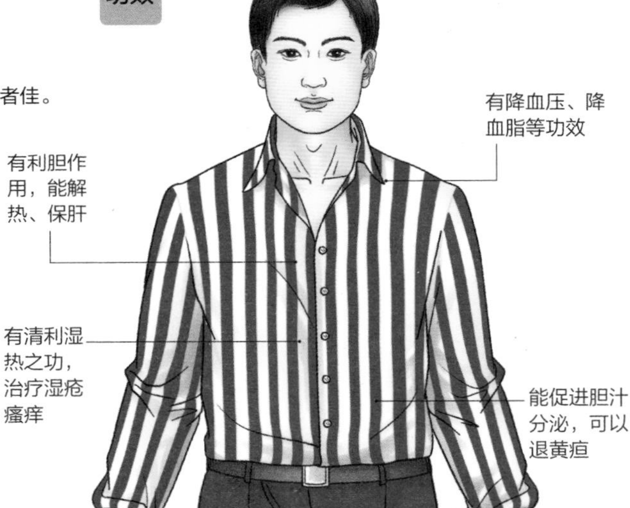

饮食宜忌

宜

- 适宜多吃绿豆、金银花、苦瓜等凉性食物。
- 宜多食用绿色蔬菜和新鲜水果，其中的膳食纤维能润肠通便，帮助身体排出毒素。

忌

- 饮食忌辛辣、刺激，少吃油脂类食物，及干燥和油炸食物。
- 避免羊肉、胡椒、辣椒等温热上火的食物。

保健小提示

- 经常饮水也是避免上火的好办法。尤其是早晨起床后，应该空腹喝400毫升凉开水，滋润身体和肠道，之后再吃早餐。另外，晚上睡觉前也需要补充水分，保持身体在睡眠中不会“缺水”。

药膳功效

本药膳具有清热解毒、消暑利尿的功效。蒲公英是常用的药材，除了清热解毒，还能消肿散结、利湿通淋，可治疗腹痛、黄疸、目赤肿痛等症。

蒲公英银花茶

材料：

【药材】蒲公英50克，金银花（银花）30克。

【食材】白糖适量。

做法：

❶ 将蒲公英、金银花冲净、沥干，备用。

❷ 砂锅洗净，放入药材，倒入清水至盖满材料，以大火煮开转小火慢煮20分钟。

❸ 在熬煮的过程中，需定时搅拌，以免黏锅。起锅前，加入少量白糖拌匀，取汁当茶饮。

本草详解

金银花因开花时开始为纯白，继而变黄而得名。其性寒，气芳香，清热而不伤胃，芳香可祛邪。金银花能宣散风热、清解血毒，用于发热和咽喉肿痛等病。金银花和菊花一起泡茶饮用，能清热祛火、消暑明目。

茵陈甘草蛤蜊汤

材料：

【药材】甘草5克，茵陈2.5克，大枣6颗。

【食材】蛤蜊300克，盐适量。

做法：

❶ 蛤蜊用水冲净，以薄盐水浸泡吐沙，随后用清水冲洗一遍。

❷ 茵陈、甘草、大枣洗净，放入锅中，倒入4碗水，熬到约剩3碗水，去渣留汁。

❸ 将吐好沙的蛤蜊放入汤汁中煮至开口，加盐调味即成。

药膳功效

本药膳有利尿消肿、清热解毒、益气、补益肝肾的功效，适合上火头痛、目赤眼痛、咽喉肿痛、口舌生疮的人食用。甘草能清热解毒，润肺止咳，尤其适用于治疗痈疽疮疡、脾胃虚弱、倦怠乏力、心悸气短、咳嗽痰多等病症。

银花白菊饮

材料：

【药材】金银花（银花）、白菊花各10克。

【食材】冰糖适量。

做法：

❶ 金银花、白菊花分别洗净、沥干水分，备用。

❷ 将砂锅洗净，倒入清水1000毫升。用大火煮开，倒入金银花和白菊花，再次煮开后，转为小火，慢慢熬煮。

❸ 待花香四溢时，加入冰糖，待冰糖完全溶化后，搅拌均匀即可饮用。

药膳功效

本药膳中的金银花和白菊花都是清热滋阴、祛火排毒的良药。两味药煎茶合用，能更好地发挥消炎解毒的作用，特别适合患有口疮、上火牙痛、咽痛的人饮用，但寒凉体质的人不适合此饮。

本草详解

菊花有“黄白两种，白者为胜”之说。经常服用白菊花，能增强毛细血管的抵抗力、抑制毛细血管的通透性，具有预防心绞痛和消炎的功效。此外，经常饮用菊花酒可有延年益寿、健体强身的功效。

地黄虾汤

材料：

【药材】生地黄 30 克。

【食材】虾 3 只，盐适量。

做法：

❶ 生地黄洗净后，放在盘中备用。将虾洗净后，放入沸水汆烫去腥、杀菌，然后捞起放在盘中备用。

❷ 净锅加水，将水烧开后，把事先准备好的虾和生地黄放入锅中，炖大约30分钟。

❸ 加入盐调味，将地黄鲜虾汤盛入碗中即可食用。

药膳功效

本药膳有清热、生津、润燥、凉血、止血的作用，用于治疗热病热邪、舌绛口渴、身发斑疹、阴虚火盛、咽喉肿痛、吐血衄血、阴虚火旺便秘、糖尿病及类风湿关节炎。虾味甘性温，含有丰富的蛋白质，有滋补身体及美肤的功效。

番茄肉酱烩豆腐

材料：

【药材】石斛10克，白术10 克，甘草 5 克。

【食材】豆腐、番茄各150克，蘑菇50克，猪绞肉200克，洋葱末1大匙。

做法：

1. 将各药材洗净，放入锅中，加750毫升水，煮滚后转小火，熬煮至水量剩500毫升后，过滤汤汁备用。
2. 豆腐放入盐水汆烫后，捞起切块；番茄、蘑菇分别洗净后，切末备用。
3. 热油锅加入1大匙色拉油，放洋葱末炒香，再倒入猪绞肉、药汁及其他备好的材料，翻炒片刻后调味即可出锅。

药膳功效

本药膳具有生津止渴、健胃消食、凉血平肝和清热解毒等功效，适合于高血压、眼底出血、高脂血症、冠心病等患者食用。番茄还有助消化和利尿的作用，可改善食欲。

本草详解

石斛能促进胃液分泌，助消化，具有一定的解热镇痛作用，可治疗低热烦渴、呕逆少食、胃脘隐痛等。表面金黄色，有光泽，质柔韧而结实的质量好。用石斛和菊花加枸杞子煎茶，能补肾明目。

熟地排骨煲冬瓜汤

材料：

【药材】熟地50克。

【食材】冬瓜100克，姜10克，盐3克，鸡精1克，胡椒粉2克，排骨300克。

做法：

1. 将所有材料洗净，排骨剁成块，冬瓜切片。烧油锅，炒香姜片、葱段，放适量清水用大火煮开，放入排骨汆烫，滤除血水。
2. 砂锅上火，放入备好的排骨，加入姜片、熟地，大火炖开后，转小火炖约40分钟，再加入冬瓜煲熟，调味拌匀后即可食用。

药膳功效

此汤清热降火，老少皆宜，具有滋阴补血、补益肝肾的功效，可用于治疗阴虚血少、腰膝痿弱及劳嗽骨蒸、遗精、崩漏、月经不调、耳聋目眩等症状。熟地可治阳虚肝旺所引起的烦躁、失眠、潮热、盗汗、头目晕眩及心神不宁、健忘、白带过多等病症。

促进代谢

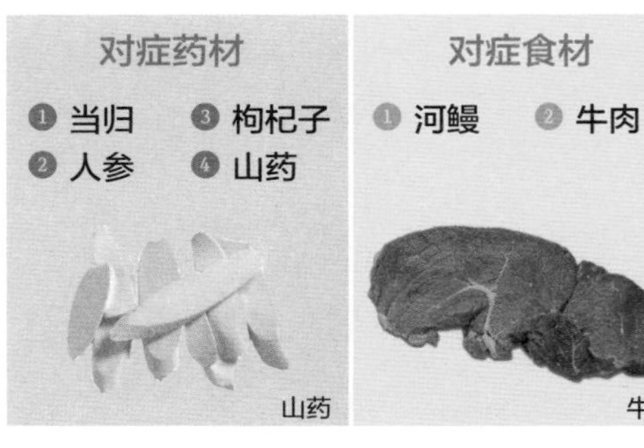

人的生命离不开身体的新陈代谢，与外界进行着物质和能量的交换。一旦代谢出现了问题，身体的各种功能都会受到影响。

健康诊所

病因探究 当人处于亚健康状态时，身体就会出现一系列的代谢问题。消化系统、循环系统、内分泌系统等都可能出现异常，还会出现免疫力下降等。老年人的身体代谢也会减慢，出现代谢不良的症状。

症状剖析 会出现消化不良、食欲不振，因血液循环不畅，身体上会疲乏无力，体力衰弱，还会有抵抗力低下、失眠多梦等症状。

本草药典

当归

性味 性温，味甘、辛。
挑选 深黄色、略有焦斑、香气浓厚者佳。
禁忌 月经过多、大便溏泄者不宜服用。

功效

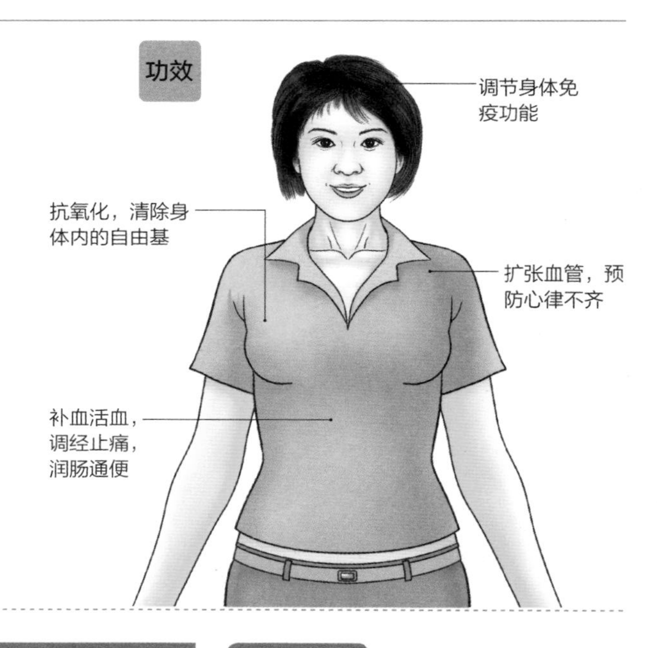

饮食宜忌

宜

- 身体里的水分是新陈代谢的基础，应当多喝水，保持身体内水分充足。
- 吃一些蛋白质类食物，如肉、蛋、奶等，都可以促进新陈代谢。
- 多吃蔬菜水果，补充维生素能有效地调节代谢。

忌

- 不宜吃太多干燥、辛辣和易上火的食品。

保健小提示

- 泡澡是促进新陈代谢的简单方法，可以洗热水澡来促进血管收缩、扩张，并发汗。具体方法是：每次泡澡3分钟，休息5分钟再入浴，重复3次。心脏不好的人可采用热水泡脚来取代。

参须枸杞炖河鳗

材料：

【药材】人参须15克，枸杞子10克。

【食材】河鳗500克，盐2小汤匙。

做法：

1. 鳗鱼洗净，去鱼鳃、肠腹后切段，汆烫去腥，捞出再冲净，盛入炖锅。参须冲净，撒在鱼上，加水盖过材料。
2. 移入电饭锅，炖至开关跳起，揭开锅盖撒进枸杞子，再按一次开关直至跳起，加盐调味即可。

药膳功效

本药膳能益气生津、润肺、补肝明目、增强抵抗力。人参须有补气养神的功效，河鳗能补血活血，两者搭配枸杞子，则可以起到气血双补的作用，特别适合血虚无力、面色苍白、手脚颤抖、皮肤干燥的人食用，能有效地促进身体代谢。

山药枸杞炖牛肉

材料：

【药材】枸杞子10克，鲜山药 600克。

【食材】牛肉500克，盐2小匙。

做法：

1. 牛肉切块、洗净汆烫捞起再冲净1次，山药削皮洗净切块。
2. 将牛肉盛入煮锅，加7碗水以大火煮开，再转小火慢炖1小时。
3. 加入山药、枸杞子，续煮10分钟，加盐调味即可。

药膳功效

本药膳有补脾胃、益气血、强筋骨、促进脂肪分解的功效。牛肉既能补气又能补血，搭配补气功效显著的山药和滋阴补血的枸杞子，能缓解气血亏虚引起的疲倦乏力、头昏嗜睡、抵抗力下降等症状。

本草详解

山药去皮时，流出的黏液中含有生物碱和蛋白酶，对皮肤有刺激作用，严重的会导致皮肤过敏红肿。因此，在给山药去皮和切块时，可以带上料理手套操作。

消脂瘦身

现在肥胖已经成了人们生活中最常见的困扰，而且肥胖的发生越来越趋向于年轻化。人们应该更加注重如何健康地减肥瘦身了。

对症药材		对症食材	
❶ 绞股蓝	❹ 白术	❶ 豆腐	❹ 海带
❷ 甘草	❺ 莲子	❷ 番茄	❺ 玉米
❸ 瞿麦	❻ 杏仁	❸ 白萝卜	❻ 南瓜

瞿麦

南瓜

健康诊所

病因探究 肥胖可由遗传因素、代谢功能等原因引起。常见的老年性肥胖则与激素分泌有关。平常饮食过盛，但却缺乏运动，能量消耗过少也是肥胖的重要诱因。痰湿体质的人更容易发胖。

症状剖析 身体中脂肪含量增加，随之而来的有血脂升高、头昏嗜睡、身体沉重，还会出现冠心病、关节损伤、肝脏和胰腺疾病等。

本草药典

绞股蓝

性味 性寒、味苦。

挑选 以气味清新、其形绵长者佳。

禁忌 服用后出现头晕、呕吐等症状时，应立即停用。

功效

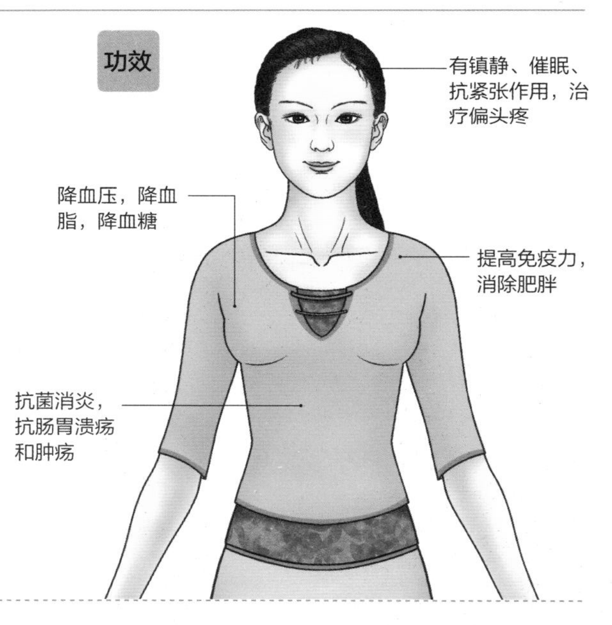

饮食宜忌

宜

- 适量吃一些辛辣的食品，如生姜、胡椒、花椒、辣椒等，会提升新陈代谢功能，消耗脂肪。
- 可以适当增加鸡蛋、鱼、奶等高蛋白的摄入，有助于瘦身。

忌

- 控制米饭、馒头、面包等淀粉类食物的摄入，防止过多的淀粉转化成脂肪。

保健小提示

- 减肥不可急于求成，尤其不要过度节食，否则不仅会伤害肠胃，还会引起代谢紊乱，甚至导致脂肪肝。正确的方法是合理饮食配合慢跑、游泳、瑜伽等运动，使身体脂肪的消耗量增加，人自然就会瘦下来了。

四神粉煲豆腐

材料：

【药材】四神粉（中药店有售）100克。

【食材】豆腐600克，冬菇50克，笋片30克，胡萝卜20 克，葱花、酱油、酒各适量。

做法：

❶ 豆腐切块抹上盐；冬菇去蒂；胡萝卜切片。油锅烧热后，放入豆腐，稍油炸后捞起。

❷ 将豆腐、冬菇、笋片、胡萝卜放入煲锅后，再将酱油、酒及调水后的四神粉倒入锅内。

❸ 大火煮沸后转小火煲 1个小时，撒上葱花即可起锅。

药膳功效

本药膳富含维生素，又可健脾清热，适合想减肥者食用。四神粉是以淮山、芡实、茯苓、莲子四味为主，再加少许薏苡仁组合而成的，具温和平补之效，可改善食欲不振、肠胃消化吸收不良、容易腹泻等病症。

蘑菇海鲜汤

材料：

【药材】茯苓10克。

【食材】蘑菇150克，虾仁60克，粳米100克，胡萝卜、青豆、洋葱、胡椒粉各适量。

做法：

❶ 将药材洗净，用水煮沸，滤取药汁备用；虾仁洗净（除泥肠后）切小丁；胡萝卜、洋葱洗净切丁；青豆洗净备用。

❷ 锅烧热，放入奶油，爆香洋葱丁，再倒入滤取的汤汁、胡萝卜丁等材料。

❸ 煮滚后盛盘，再撒上少许胡椒粉即可。

药膳功效

本汤能净化血液、排泄毒性物质。经常食用可净化身体，是一种很好的减肥美容食品。蘑菇所含的大量植物纤维，具有防止便秘、预防糖尿病及大肠癌、降低血液中胆固醇含量的作用。而且，蘑菇属于低热量食品，可以防止发胖，对高血压、心脏病患者十分有益。

药膳功效

此汤具有生津止渴、调经安神的作用。瞿麦可治小便不通、淋病、水肿、经闭、痈肿。常将此汤配合其他有益调经的食材可使月经变得规律。

瞿麦排毒汁

材料：

【药材】莲子10克，瞿麦5 克。

【食材】苹果50克，梨子50克，小豆苗15克，果糖1/2 大匙。

做法：

❶ 全部药材与清水置入锅中浸泡30分钟后，以小火加热煮沸，约1分钟后关火，滤取药汁待凉。

❷ 苹果、梨子洗净切小丁；小豆苗洗净切碎。

❸ 食材与药汁放入果汁机混合搅拌，倒入杯中即可饮用。

本草详解

瞿麦苦寒，能清心祛热、利小肠、膀胱湿热，故治血淋、尿血时常用。瞿麦还有活血祛淤的作用，配合当归、川芎、红花、桃仁等，可用于治疗经血郁结等。瞿麦的穗部利尿作用比茎部效果好。

药膳功效

百合具有润肺止咳、清脾除湿、补中益气、清心安神的功效；南瓜可健脾养胃、消滞减肥。因此，这款甜点可作肥胖及神经衰弱者食疗之用。

南瓜百合甜点

材料：

【药材】百合 250 克。

【食材】南瓜250克，白砂糖 10克，蜂蜜适量。

做法：

❶ 南瓜洗净，先切成两半，然后用刀在瓜面切锯齿形状的刀纹。

❷ 百合洗净，逐片削去黄尖，用白砂糖拌匀，放入勺状的南瓜中，盛盘隔水蒸。

❸ 煮开后，大火转入小火，约蒸煮8分钟即可。取出，淋上备好的蜂蜜即可。

食材百科

南瓜含有丰富的膳食纤维和果胶，能帮助排便通畅，排出积累在肠道里的毒素，并能防治大肠癌。此外，南瓜还能提高身体的抵抗力，其中的胡萝卜素具有缓解眼睛疲劳的功效。

减肥瘦身+凉血清热

纤瘦蔬菜汤

材料：

【药材】紫苏10克，苍术10克。

【食材】白萝卜200克，番茄250克，玉米笋100克，绿豆芽15克，清水800毫升，白糖适量。

做法：

1. 全部药材与清水800毫升放入锅中，以小火煮沸，滤取药汁备用。
2. 白萝卜去皮洗净，刨丝；番茄洗净，切片；玉米笋洗净切片。
3. 药汁放入锅中，加入全部蔬菜材料煮沸，放入白糖调味即可食用。

药膳功效

蔬菜汤富含维生素和矿物质，能排出体内毒素，延缓细胞的老化，使病变组织恢复健康，还能增强免疫力。

本草详解

紫苏又叫罗勒，以茎、叶及子实入药，能散寒解表、理气宽中，当感冒引起咳嗽、发热、胸闷时，以紫苏煮粥或煎水都有很好的效果。干的紫苏碎可做烧烤时的腌料，鲜的紫苏叶可以做汤、煮粥，使用方法和香叶类似。

多味百合蔬菜

材料：

【药材】百合 30 克。

【食材】豌豆荚15克，新鲜香菇、干银耳、青椒、红椒各10克，淀粉4克，盐5克。

做法：

1. 将全部材料洗净；百合剥片；干银耳泡软，摘除老蒂，放入滚水氽烫，捞起沥干；香菇切粗条，放入滚水氽烫捞起，沥干备用；红椒切丝。
2. 起油锅，放入百合炒至透明，加入香菇、银耳拌炒，再加盐、豌豆荚、红椒快炒，放入淀粉、水勾薄芡，即可食。

药膳功效

此药膳不仅具有补肺、润肺、补血养神的功效，常食还可以起到减肥、塑身的效果。需要注意的是，百合性偏凉，患有风寒咳嗽、虚寒出血、脾虚便溏的人应忌食。

清热明目

中医上讲“肝开窍于目”，因此当人身体里肝火过于旺盛时，就会影响到眼睛。如果想改善这些症状，就要从清肝明目做起。

对症药材

❶ 桑叶 ❷ 薄荷 ❸ 菊花 ❹ 决明子

桑叶

对症食材

❶ 胡萝卜 ❷ 芝麻 ❸ 猪肝 ❹ 牛奶

芝麻

健康诊所

病因探究 身体里肝火过旺会引起眼睛的一系列症状，长时间注视屏幕、用眼过度也会引起眼睛的疲劳疼痛。此外，结膜炎、沙眼等疾病会影响泪液的分泌，使眼睛因缺乏滋润而干涩疼痛。

症状剖析 肝火旺盛导致的眼部症状有：视物模糊、眼部分泌物多、眼红、眼干、耳鸣等。

本草药典

菊花

性味 味辛、甘、苦，性凉。

挑选 花朵完整、气味清香、颜色新鲜者佳。

禁忌 气虚胃寒、食少泄泻者慎服。

功效

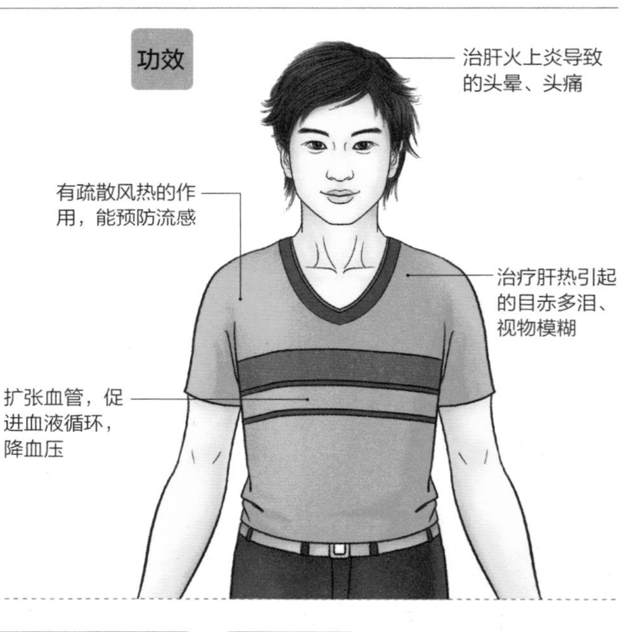

饮食宜忌

宜

- 日常饮食应选择清淡的食物。
- 多食富含维生素A的食物，如胡萝卜、动物肝脏、鱼类等。

忌

- 少食辛辣、燥热之食物，避免加重肝火。
- 不宜多吃大蒜、韭菜等“伤目”的蔬菜，这些蔬菜性温热，吃多了会加重眼睛的赤涩疼痛。

保健小提示

- 眼睛干涩时可以泡一杯茶，水变温时，用双手拢于杯口，眼睛微睁，让水蒸气熏蒸一下眼睛。喝完茶之后，再用化妆棉蘸茶水敷眼，也有很好的清目明目效果。

桑杏菊花甜汤

材料：

【药材】桑叶10克，菊花10克，枸杞子10克。

【食材】杏仁粉50克，果冻粉15克，白砂糖25克。

做法：

1. 桑叶入锅中，加水，以小火加热至沸腾，约1分钟后关火，滤取药汁备用。
2. 杏仁粉与果冻粉倒入药汁中，以小火加热搅拌，沸腾后倒入盒中待凉，入冰箱冷藏。
3. 菊花、枸杞子放入锅中倒入清水，以小火煮沸，加入白砂糖搅拌溶化，再将凝固的杏仁冻切块倒入即可食用。

药膳功效

桑叶与菊花合用，具有疏散风热、清泄肺肝的功效，可缓解头晕头痛，及目赤肿痛等症。

本草详解

桑叶能疏散风热、清肺润燥、平抑肝阳、清肝明目。常配菊花，用于风热感冒及目赤肿痛。治咽喉红肿、牙痛、口疮等都可用桑叶煎水服用。此外，桑叶还有降脂、降糖、利尿之功效。

菊花决明子茶

材料：

【药材】决明子15克、大枣15颗、菊花10克。

【食材】黑糖10克。

做法：

1. 大枣洗净，切开去除枣核；决明子、菊花各自洗净，沥水备用。
2. 大枣、决明子与菊花先加水800毫升，以大火煮开后转小火再煮15分钟。
3. 待菊花泡开、决明子熬出药味后，用滤网滤净残渣后，加入适量黑糖，搅拌调匀即可食用。

药膳功效

菊花茶可以清肝明目，加入决明子后增强了清肝明目、疏风解热的功效。此外，本饮还有降脂通便的作用，使热毒能顺利排出体外。

本草详解

决明子有利胆保肝、抗菌消炎、润肠通便、明目、降低胆固醇和强心、缓泻的作用，常用于治疗便秘及高脂血症、高血压、目赤涩痛、头痛眩晕、大便秘结等。

消夏解暑

夏季天气炎热，暑热侵袭会使湿热内阻而引起相应的症状，如头昏、精神萎靡、食欲不振等，消夏解暑就成了关键。

对症药材

❶ 薏苡仁 ❷ 荷叶 ❸ 车前草 ❹ 藿香 ❺ 绿豆 ❻ 板蓝根

绿豆

对症食材

❶ 莲藕 ❷ 西瓜 ❸ 芹菜 ❹ 鸭肉 ❺ 小米 ❻ 酸梅

芹菜

健康诊所

病因探究 夏天，在高温下，人们容易发生中暑，而引起中枢神经系统和循环系统的症状。中暑的发生不仅和气温有关，还与湿度、劳动、曝晒、体质强弱、营养状况及水分供给等情况有关。

症状剖析 轻度中暑会有大量出汗、口渴、头昏、胸闷、心悸、恶心、四肢无力的症状，体温会在38.5℃以上，并伴有面色潮红、胸闷、皮肤灼热等现象。重症中暑会发生高热，甚至昏厥。

本草药典

藿香

性味 味辛，性微温。
挑选 以茎枝青绿、叶多、香浓者为佳。
禁忌 阴虚血燥者忌服。

功效

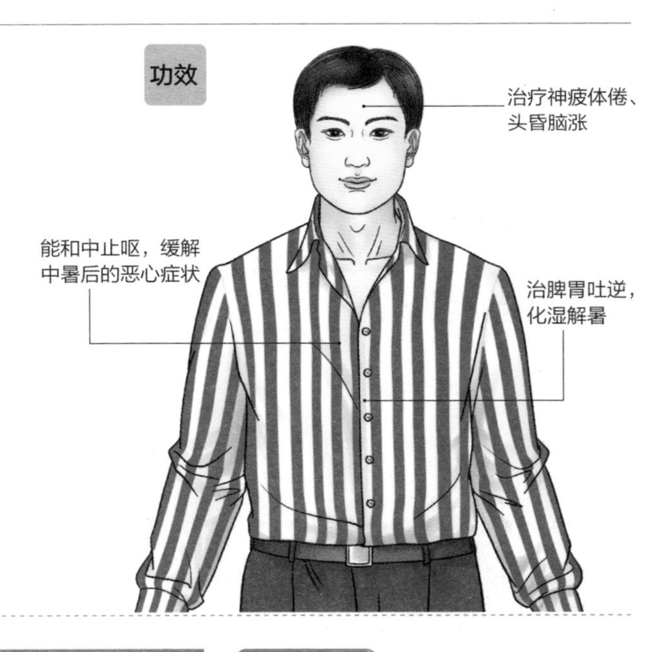

饮食宜忌

宜

- 天热时多吃清淡、易消化的食品，如稀粥、蒸蛋、冬瓜汤等。
- 适当吃些粗粮，如玉米、麦片和小米粥。
- 夏天做菜可适当咸一些，以补充出汗带走的盐分，并要保证及时补充水分。
- 夏季新陈代谢快，要注意补充蛋白质、维生素和钙。

保健小提示

- 夏季做户外运动时要注意预防中暑，避开中午最热的时候，要戴遮阳帽或运动帽，防止阳光直射头部。控制运动量，不要过于剧烈，感到不舒服时，应及时休息。

陈皮绿豆汤

材料：

【药材】陈皮5克，绿豆30克。

【食材】绿茶包1袋，白砂糖10克。

做法：

1. 将陈皮洗净，切成小块；绿豆洗净，浸泡2小时。
2. 砂锅洗净，将绿茶与陈皮放入，先加水800毫升，滚后小火再煮5分钟，滤渣取汤。
3. 在汤内加入泡软的绿豆与少许白砂糖，续煮10分钟，滤出汤即可饮用。剩余的绿豆可留待以后进食。

药膳功效

本药膳具有理气化痰、清热解暑的功效，还能起到排清体内毒素的作用，能润皮肤、降血压和降血脂、防止动脉粥样硬化等，对热肿、消渴、痈疽、痘毒、斑疹等也有一定的疗效。

冬瓜薏仁鸭

材料：

【药材】薏苡仁20克，枸杞子10克。

【食材】鸭肉500克，冬瓜、油、蒜、米酒、高汤各适量。

做法：

1. 将鸭肉、冬瓜切块。
2. 在砂锅中放油、蒜等调味料，和鸭肉一起翻炒，再放入米酒和高汤。
3. 煮开后放入薏苡仁，用大火煮1小时，再放入冬瓜，小火煮熟后撒入枸杞子即可食用。

药膳功效

此汤中三味材料都有清热解暑的功效，其中冬瓜清热解暑，薏苡仁美白养颜，鸭肉清润滋补。此汤清甜可口，是夏季消除暑热的首选。

食材百科

鸭肉能滋阴，适合体质虚弱、食欲不振、大便干燥的人食用。著名的菜肴有玉竹老鸭汤、盐水鸭、香樟鸭、烤鸭等。要除去鸭肉的腥味，可先去掉尾部的油脂腺，焯水之后再烹调。

荷叶鲜藕茶

材料：

【药材】荷叶1/2片。

【食材】鲜藕150克，冰糖适量。

做法：

❶ 将鲜藕、荷叶洗净；荷叶汆烫去涩；鲜藕削皮、切片。

❷ 将鲜藕、荷叶放入锅中，加水至盖过材料，用大火烧开，搅拌均匀，以大火煮开转小火，煮约20分钟，加冰糖调味即可。

药膳功效

本药膳能凉血清热、消暑解热，具有降脂、排毒养颜、滋肝润肺等多种功效，适用于热病烦渴、小便热痛、暑热头晕、中暑恶心、呕吐反胃等。经常饮用还能清理肠胃、消脂瘦身，是女性减肥的好选择。

食材百科

藕味甘性寒，清脆微甜，可生食也可用来做菜。生食能清热化淤，止渴润燥；熟吃有健脾开胃、固精止泻的功效。可用来炖鸡炖肉，能滋阴补益，强健身体。此外，用其制成的藕粉，既富有营养又易消化，老少皆宜。

清热解毒+利尿消暑

绿豆薏仁粥

材料：

【药材】绿豆10克，薏苡仁10克。

【食材】低脂奶粉25克。

做法：

❶ 先将绿豆与薏苡仁洗净、泡水，大约2小时即可泡发。

❷ 砂锅洗净，将绿豆与薏苡仁加入水中滚煮，水煮开后转小火，将绿豆煮至熟透，汤汁呈黏稠状。

❸ 滤出绿豆、薏苡仁中的水，加入低脂奶粉搅拌均匀后，再倒入绿豆、薏苡仁中即可。

药膳功效

绿豆及薏苡仁都有消暑利尿、改善水肿的效果。绿豆还有解毒的效果，使体内毒素尽快排出。夏天常饮此汤可以起到很好的清热消暑的作用。

本草详解

薏苡仁有健脾祛湿、利水消肿、清热化痰等功效，适合水肿、小便不利、脾虚者食用。以薏苡仁煮粥，可有效消除身体的燥热和沉重感，常食还可使皮肤细腻，消除粉刺、色斑，美容养颜。

车前草大枣汤

材料：

【药材】车前草（干）50克，大枣15颗。

【食材】冰糖2小匙。

做法：

❶ 将大枣洗净、泡发，备用；车前草洗净，备用。

❷ 砂锅洗净，倒入1000毫升的清水，以大火煮开后，放入车前草，大火改为小火，慢熬40分钟。

❸ 待熬出药味后，加入大枣，待其裂开后，加冰糖，搅拌均匀后即可。

药膳功效

本汤能补气血、安神、健脾胃、清肝明目、清热解毒。车前草可清热利尿、祛痰止咳、清肝明目。与大枣配伍，相得益彰，可以起到清热利尿、滋阴益气的作用。

本草详解

车前草常长在道路旁，是一种味道鲜美的野菜，整株都可以食用，没有毒副作用。用它煎汤煮茶，有利水通淋、清热解毒、清肝明目、祛痰、止泻的功效。

板蓝根西瓜汁

材料：

【药材】板蓝根8克，山豆根8克，甘草5克。

【食材】红肉西瓜300克，果糖2小匙。

做法：

❶ 将药材洗净，沥水，备用。

❷ 全部药材与清水150毫升置入锅中，以小火加热至沸腾，约1分钟后关火，滤取药汁降温备用。

❸ 西瓜去皮，切小块，放入果汁机内，加入晾凉的药汁和果糖，搅拌均匀倒入杯中，即可饮用。

药膳功效

本饮品能清热解暑、除烦止渴、通利小便，可治暑热烦渴、热盛伤津、小便不利以及咽喉肿痛、口疮等病症。

本草详解

板蓝根是草大青的根部，具有清热解毒、凉血消肿、利咽的功效，泡水喝可以防治腮腺炎和流行性感冒。它的叶子是大青叶，辛凉解表，能治疗咽喉肿痛、感冒、咳痰发热等症状。

第九章 体质调理篇

养生最重要的就是要因人施膳，随着人们生活水平质量的提高，人们更加注重饮食调养来改善体质。其实，不同体质的人，其饮食调养方法是不同的。本章针对七种体质，选择适合每种体质的中药和食材，合理搭配成多款美味药膳，让不同人群能自主选择，以最健康的方式调理身体，收获健康体质。

体质调理篇

特效药材推荐

人参

【功效】大补元气，安神益智。

【挑选】香气特异，味微苦、甘者佳。

【禁忌】无论是煎服还是炖服，忌用五金炊具。

灵芝

【功效】补气养血，养心安神。

【挑选】盖面黄褐色至红褐色，有同心环带和环沟，并有纵皱纹，表面有光泽。

【禁忌】儿童慎用。

红花

【功效】活血通经，散淤止痛。

【挑选】花红色或红黄色。质柔软。具特异香气，味微苦。用水泡后，水变金黄色，花不褪色。

【禁忌】孕妇慎服。

当归

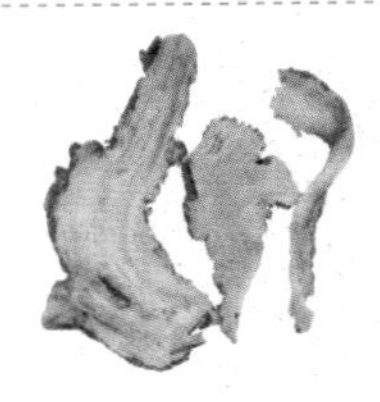

【功效】补血调经，活血止血。

【挑选】以主根粗长、油润、外皮颜色为黄棕色、肉质饱满、断面颜色黄白、气味浓郁者为佳。

【禁忌】热盛出血者忌服，湿盛中满及大便溏泄者、孕妇慎服。

百合

【功效】养阴润肺，清心安神。

【挑选】以瓣匀肉厚、色黄白、质坚、筋少者为佳。

【禁忌】脾虚、便溏者忌用。

陈皮

【功效】理气健脾，燥湿化痰。

【挑选】以色泽鲜艳、含油量大、香气浓郁者为佳。

【禁忌】内热气虚、燥咳吐血者应忌用。

车前子

【功效】清热利尿，渗湿止泻。

【挑选】呈椭圆形，表面棕褐色或黑棕色，以粒大、色黑、饱满者为佳。

【禁忌】肾虚寒者尤宜忌之。

川贝母

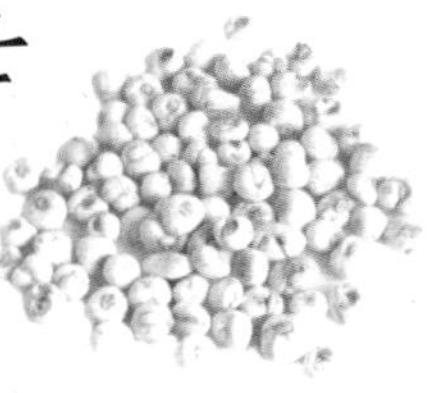

【功效】清热化痰，散结消肿。

【挑选】以颗粒均匀、质地坚实、色泽洁白者为佳。

【禁忌】脾胃虚寒者慎服。

特效食材推荐

香蕉

「功效」清热解毒，润肠通便。
「挑选」挑选香蕉要看颜色，表皮颜色鲜黄光亮，两端带青，表示成熟度较好。
「禁忌」畏寒体弱和胃虚的人不宜多吃。

紫甘蓝

「功效」增强体质，宽肠通便。
「挑选」分量沉，叶片包裹紧凑，颜色紫红发亮、有光泽的紫甘蓝新鲜。
「禁忌」无特殊禁忌。

芝麻

「功效」补血明目，益肝养发。
「挑选」色泽鲜亮、纯净，外观白色，大而饱满，皮薄，嘴尖而小者佳。
「禁忌」患有慢性肠炎、便溏腹泻者忌食。

苹果

「功效」生津润肺，除烦解暑。
「挑选」果实形状饱满，果肉硬脆、无疤痕，且外皮光滑，颜色不混浊者佳。
「禁忌」冠心病、心肌梗死、肾病患者慎食。

香瓜

「功效」消暑解渴，利尿消肿。
「挑选」形状饱满，瓜皮无损伤疤结，颜色黄白、均匀者佳。
「禁忌」脾胃虚寒、腹胀便溏者忌食。

气虚体质

我们常说“人活一口气，佛为一炷香”，在中医理论中，人活着更是离不开“气”。身体里的“气”不足，就是气虚。

对症药材		对症食材	
① 灵芝	④ 人参	① 鹌鹑蛋	④ 南瓜
② 黄芪	⑤ 山药	② 牛肉	⑤ 葡萄
③ 黄精	⑥ 党参	③ 花生	⑥ 鸡肉

人参

南瓜

健康诊所

病因探究 气虚体质可由先天禀赋不足引起。有偏食、厌食、过度节食习惯的人，会因营养摄取不足而易气虚。工作压力大、精神紧张焦虑、长时间熬夜的人，因为身体消耗过大，也容易形成气虚体质。

症状剖析 畏寒发冷，反复感冒，或低烧不愈；精神萎靡，反应迟钝；低血压，心慌，喜静不喜动；四肢无力，易疲劳；食欲不振，便秘但不结硬，或大便不成形。性格内向，容易出现精神抑郁等症状。

本草药典

灵芝

性味 味甘，性平。

挑选 皮壳紫黑色、有漆样光泽者佳。

禁忌 不宜大量食用。

功效

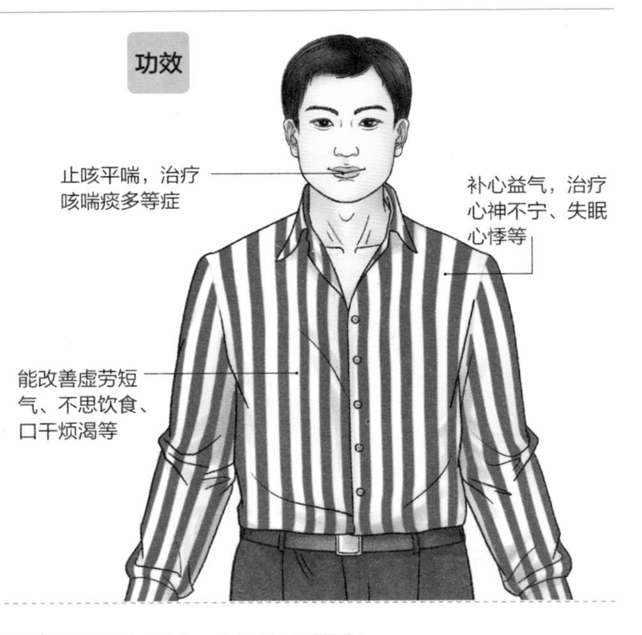

饮食宜忌

宜

- 多吃糯米、黑米、黍米、燕麦等，蔬果要多吃南瓜、大枣、桂圆等。
- 日常饮食中，要荤素搭配，营养平衡。

忌

- 少吃如白萝卜、芹菜、山楂等“破气”的食物。
- 少吃辛辣刺激的食物，包括辣椒、生葱、生蒜等。

保健小提示

- 气虚的人不适合做剧烈运动，而一些轻度的有氧运动，如散步、慢跑、羽毛球等适合气虚体质的人。瑜伽动作轻柔舒缓，非常适合气虚的人用来调养身体。

灵芝黄芪炖肉

材料：

【药材】灵芝少许，黄芪15克。

【食材】瘦肉500克，料酒、葱、姜、盐、胡椒粉各适量。

做法：

1. 将灵芝、黄芪洗净润透切片；葱、姜切碎；瘦肉洗净后，放入沸水锅中氽烫去血水捞出，再用清水洗净切成小方块。
2. 将灵芝、黄芪、瘦肉、葱、姜、料酒、盐同入碗内，注入适量清水，隔水炖煮。煮沸后，捞去浮沫，改用小火炖，炖至瘦肉熟烂，用盐、胡椒粉调味即成。

药膳功效

这道菜具有补中益气、补肺益肾、养心安神的功效。其中灵芝具有保护肝细胞、降血糖、调节植物神经、降低胆固醇、升高白细胞、提高机体抗病能力等多种作用，适用于神经衰弱、失眠、食欲不振、慢性肝炎、高血压、高胆固醇、冠心病等患者。

黄精蒸土鸡

材料：

【药材】黄精、党参、山药各30克。

【食材】土鸡1只（重约1000克），姜、川椒、葱、食盐、味精各适量。

做法：

1. 将土鸡洗净剁成3厘米见方的小块。放入沸水中烫3分钟后，装入锅内，加入葱、姜、食盐、川椒、味精。
2. 再加入黄精、党参、山药，蒸3小时即成。

药膳功效

黄精又名鹿竹、野生姜、黄芝等，味甘、性平，具有补中益气、润心肺、强筋骨等功效，可治虚损寒热、肺痨咳血、病后体虚食少、筋骨软弱、风湿疼痛、风癞癣疾等。本菜适用于脾胃虚弱、体倦无力者，效果显著，但中寒腹泻、痰湿痞满、气滞者忌服。

人参鹌鹑蛋

材料：

【药材】人参7克，黄精10 克。

【食材】鹌鹑蛋 12 个，盐、白糖、麻油、味精、淀粉、高汤、酱油各适量。

做法：

1. 将人参煨软，切段后蒸2次，收取滤液，再将黄精煎2遍，取其浓缩液与人参液调匀。
2. 鹌鹑蛋煮熟去壳，一半与药液、盐、味精腌15分钟；另一半用麻油炸成金黄色备用。另用小碗把高汤、白糖、酱油等调成汁。
3. 将鹌鹑蛋和调好的汁一起下锅翻炒，最后连同汤汁一同起锅，再加入腌好的另一半鹌鹑蛋即可。

药膳功效

鹌鹑蛋对神经衰弱、月经不调、高血压等疾病有调补作用，还可用于养颜、美肤。这道菜可健脾益胃、强壮身体，适合体质虚弱、贫血、月经不调、脾胃不足、食欲不振、消化不良、四肢倦怠的人食用。

苁蓉羊肉粥

材料：

【药材】肉苁蓉6～9克。

【食材】羊肉60克，白米100克，葱白2根，姜3片，盐适量。

做法：

1. 将肉苁蓉洗净，放入锅中，加入适量的水，煎煮成汤汁，去渣备用。
2. 羊肉洗净氽烫一下，去除血水，再洗净切丝，备用；白米淘洗干净，备用。
3. 在苁蓉汁中加入备好的羊肉、白米同煮，煮沸后再加入葱、姜、盐调味即可。

药膳功效

这道粥品具有补肾助阳、健脾养胃、润肠通便的功效，适用于肾气虚衰所导致的男子阳痿、遗精、早泄，女子不孕，腰膝冷痛，尿频、夜间多尿等各种病症。

食材百科

羊肉能补肾壮阳、祛寒暖中、补益气血、健脾开胃，是补阳气的好食物，非常适合冬天食用。能改善气血不足引起的脾胃虚冷、食欲不振、尿频等症状。

党参煮马铃薯

材料：

【药材】党参15克。

【食材】马铃薯300克，料酒、葱各10克，姜5克，盐3克，味精2克，芝麻油15克。

做法：

1. 将党参洗净，切小段；马铃薯去皮，切薄片；姜切片，葱切段。
2. 将党参、马铃薯、姜、葱、料酒一同放入炖锅内加水，置大火上煮沸，再改用小火烧煮35分钟，加入盐、味精、芝麻油调味即成。

药膳功效

这道菜特别适合体质虚弱、气血不足、体虚盗汗等患者食用。

食材百科

马铃薯含有丰富的B族维生素，在延缓人体衰老过程中有重要的作用。另外，马铃薯富含的膳食纤维、蔗糖，有助于防治消化道癌症和控制血液中胆固醇的含量。

黄芪牛肉蔬菜汤

材料：

【药材】黄芪25克。

【食材】牛肉500克，番茄2个，西兰花、马铃薯各1个，盐2小匙。

做法：

1. 牛肉切大块，放入沸水氽烫，捞起，冲净；马铃薯去皮切块；番茄洗净、切块；西兰花切小朵，洗净。
2. 将备好的牛肉和番茄、黄芪一起放入锅中，加水至盖过所有材料。以大火煮开后，转用小火续煮30分钟，然后再加入西兰花、马铃薯续煮至熟后，加入各种调味料即可。

药膳功效

本药膳滋肾益阳、调理气血、增强体力、强筋健骨，能够治疗气虚衰弱、身体乏力等症状，还可以增强体力。这道药膳汤不仅适合气虚容易感冒的人，同时也适合体虚而冬天怕冷、四肢发凉的人食用。

气滞体质

人体内的气维持着人体的生命活动。气就像河水一样，在不断地运行。如果阻滞不动了，就是气滞。

对症药材

1 青皮　3 陈皮
2 枳实　4 柴胡

枳实

对症食材

1 山楂　3 香菜
2 黄花菜　4 橘子

橘子

健康诊所

病因探究 气虚的人更容易诱生气滞体质。长期精神紧张焦虑，思虑过度，也会使脾气郁结、运化失常而导致气滞。久静不动，运动不足，受寒受冷，血液循环减慢，也是形成气滞体质的原因。

症状剖析 偏头痛，失眠多梦；眼睛发红、疼痛，嘴里感觉发苦；身体疼痛，多为窜痛，时轻时重；肠胃胀满，易打嗝排气，或者胃痛；月经周期紊乱，月经前下腹部和乳房发胀。

本草药典

陈皮

性味 味辛、苦，性温。

挑选 橙红色或红棕色、有细皱纹、质稍硬而脆者佳。

禁忌 不宜与半夏、天南星同用。

功效

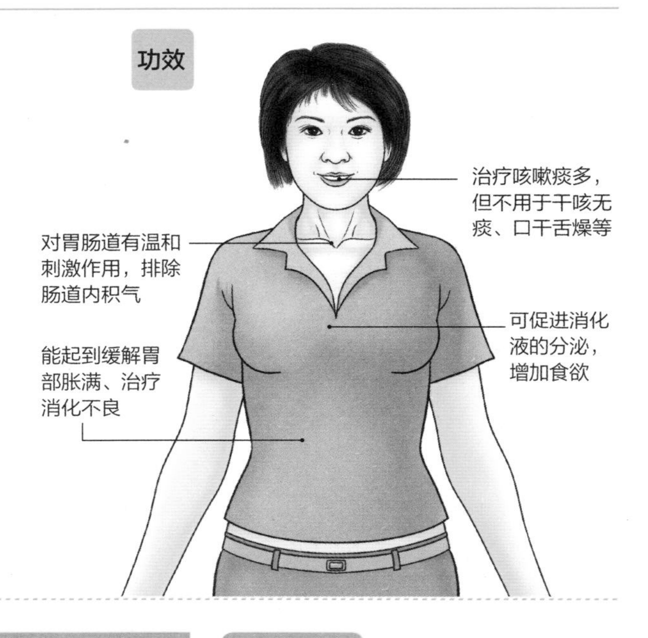

饮食宜忌

宜

- 适量饮酒，酒有行气活血、疏肝解郁的功效。
- 适宜食用行气养肝的食物，如香菜、黄花菜、山楂、金橘、槟榔等。
- 多食有健胃消食作用的食物，如葡萄、草莓、甜橙、辣椒酱、小米粥等。

忌

- 酸味食物不宜一次食用过量。

保健小提示

- 练习太极拳有助于行气健体：太极拳运动量适中，能促进血液回流，促进心肌的功能，从而增强心脏的收缩力，有利于气血循环，长期坚持能有效改善气滞体质。

人参雪梨乌鸡汤

材料：

【药材】人参10克，大枣5颗。

【食材】乌鸡300克，雪梨1个，盐5克，味精5克。

做法：

1. 雪梨洗净，切块去核；乌骨鸡洗净，剁成小块，焯水；大枣洗净；人参洗净切大段。
2. 锅中加油烧热，投入乌骨鸡块，爆炒后加适量清水，再加雪梨、大枣、人参一起以大火炖30分钟，调味即可。

枸杞黄芪蒸鳝片

材料：

【药材】枸杞子10克，麦冬10克，黄芪10克。

【食材】鳝鱼350克，姜10克，酱油、味精、盐、胡椒粉各适量。

做法：

1. 鳝鱼去头、骨剁段；黄芪、麦冬洗净；枸杞子洗净泡发；姜洗净切片。
2. 将鳝鱼用盐、味精、酱油腌5分钟至入味。
3. 将所有材料和调味料一起拌匀入锅中蒸熟即可。

陈皮丝里脊肉

材料：

【药材】陈皮 5 克。

【食材】猪里脊肉 60 克，葱 5 克，辣椒 2 克，淀粉、葡萄酒和油各5克，冰糖10克，淀粉适量。

做法：

1. 陈皮用温水泡10分钟，切丝；猪里脊肉切丝后加入葡萄酒，用淀粉拌匀，放入油搅匀。
2. 起油锅，转中火，放入猪肉丝拌炒略熟，加入冰糖、陈皮丝炒匀，勾薄芡。起锅前撒入葱丝、辣椒丝即成。

血虚体质

血，即循行于脉内的红色液态样物质，如果身体里某些元素缺乏了，血就会亏虚不足，这就是血虚。

对症药材	
❶ 大枣	❹ 阿胶
❷ 黄芪	❺ 鹿茸
❸ 当归	❻ 熟地黄

当归

对症食材	
❶ 乌鸡	❹ 樱桃
❷ 橙子	❺ 黑豆
❸ 菠菜	❻ 鸡肝

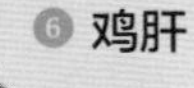

樱桃

健康诊所

病因探究 血虚体质可能由过度劳累或过度用脑引起。人体只有吸收尽可能多的食物精华，才可能血气旺盛，因此脾胃不好、消化不良的人容易血虚。生活中的不节制，如人流、纵欲等也是导致血虚的罪魁祸首。

症状剖析 头发枯黄，脱发掉发，少白头；皮肤干燥，过早产生皱纹；脸色苍白无光泽，嘴唇淡白，眼睑淡白少泽；身体偏瘦，月经量少、延期甚至经闭，大便燥结，小便不利。

本草药典

阿胶

性味 味甘，性平。

挑选 以色乌黑、光亮、透明、无腥臭气、经夏不软者为佳。

禁忌 脾胃虚弱者慎用。

功效

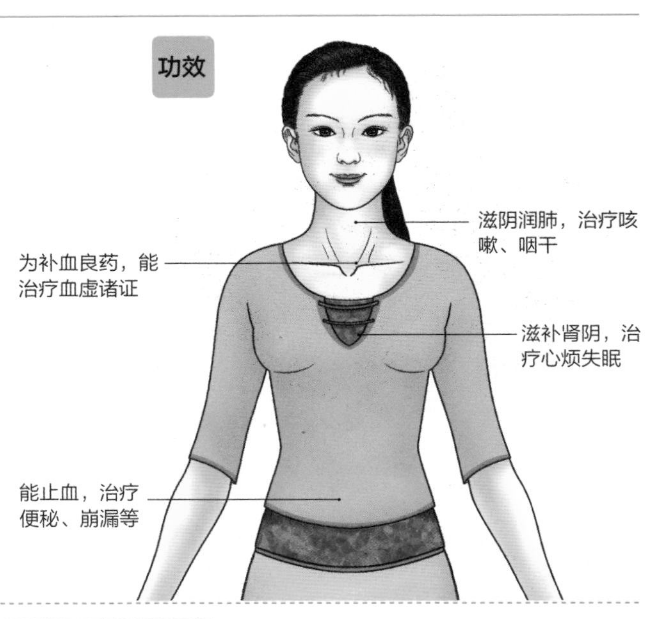

饮食宜忌

宜

- 多吃黑色的食物，如黑米、黑豆、黑枣、黑芝麻、豆豉、黑木耳、乌骨鸡等。
- 多吃红色的食物有助于补血，比如大枣、胡萝卜、番茄、枸杞子等。
- 多吃一些瘦肉、动物肝脏、血液、鱼类等蛋白质丰富的食物。
- 多吃炖菜、汤菜、粥羹，其中的营养成分更容易被吸收。

保健小提示

- 血虚体质不适合选择完全素食的饮食结构，蔬菜和水果中虽然维生素含量丰富，但蛋白质相对较少，不能满足人体的需要，所以要适当地增加膳食中的鱼、肉、蛋奶的比例。

黑枣参芪梅子茶

材料：

【药材】黑枣5颗，丹参75克，黄芪75克。

【食材】紫苏梅5颗，冰糖2大匙。

做法：

1. 将黑枣、丹参、黄芪与紫苏梅放入杯中，冲入热开水，盖上杯盖约10分钟。
2. 加入冰糖搅拌至溶化即可。

食材百科

紫苏梅的做法是将青梅子洗净，用浓盐水浸泡三五天后，除掉了梅子的涩味，捞出装入罐中。放入和梅子等量的白糖，等到数天后梅汁淹过梅子，将风干的紫苏叶撕碎均匀撒入，腌制月余，梅子变成粉红色即可。

药膳功效

本药膳能活血祛淤、宁心安神、止痛、促进血液循环。黑枣有加强补血的效果，多用于补血和作为调理药物，对贫血、肝炎、失眠、乏力有一定疗效。

归芪补血乌鸡汤

材料：

【药材】当归25克，黄芪25克。

【食材】乌鸡1只，盐少许。

做法：

1. 将乌鸡剁块，放入沸水汆烫，捞起，冲净。
2. 乌鸡块和当归、黄芪一起盛锅，加6碗水，以大火煮开，再转小火续炖25分钟。
3. 加盐调味即成。

药膳功效

当归搭配黄芪能行气活血、调理气血两虚之症。此汤品有造血功能，能促进血液循环和新陈代谢。贫血、妇女经血量多、产后发烧不退等，都宜常食此汤品使气血在较短时间内恢复正常循环。

大枣乌鸡汤

材料：

【药材】大枣20颗，枸杞5克。

【食材】乌骨鸡半只，香菜20克，绿茶10克，盐和香油各适量。

做法：

1. 先将大枣泡软；鸡洗净、剁块；绿茶用布袋装好备用。
2. 将剁好汆烫后的鸡块放入锅中，接着放入茶包、枸杞、大枣，并加水至盖过鸡块为止。
3. 以大火煮沸后转小火慢熬1小时，放盐调味即熄火，食用前撒上香菜、淋入香油即可。

药膳功效

本汤是滋补的上好佳品。需要注意的是大枣因加工的不同，有红枣、黑枣之分，入药一般以红枣为主。甜甜的红枣主治心腹邪气，适合少津液、身体虚弱、大惊、四肢酸麻患者长期服用。

本草详解

绿茶能提神清心、清热解暑、消食化痰、去腻减肥、清心除烦、解毒醒酒、生津止渴、降火明目、止痢除湿。闻起来香气清新馥郁、略带熟栗香味者佳。不宜与人参、西洋参等补气的药物同食。

鹿茸炖乌鸡

材料：

【药材】鹿茸10克。

【食材】乌鸡250克，精盐适量。

做法：

1. 将乌鸡洗净切块汆烫备用。将备好的乌鸡块与鹿茸一起置炖盅内。
2. 再加适量开水，用小火隔水炖熟，用调味料调味后即成。

药膳功效

本药膳能补养精血、强筋、健骨、益肾。适用于宫冷、肾虚不孕、月经不调、经血色淡量少、小腹冷感、腰膝酸软等。鹿茸的升阳作用很强，所以推荐在冬季食用本药膳，有驱寒暖身的功效。

无花果煎鸡肝

材料：

【药材】无花果干3粒。

【食材】鸡肝3副，白砂糖1大匙。

做法：

1. 鸡肝洗净，放入沸水中汆烫，捞起沥干；将无花果洗净，切小片。
2. 平底锅加热，加1匙油，待油热后将鸡肝、无花果干一同爆炒，直到鸡肝熟透、无花果飘香。
3. 砂糖加1/3碗水，煮至溶化；待鸡肝煎熟盛起，淋上糖汁调味即可。

药膳功效

本药膳具有补血、补脾、润肺、益胃、利咽等功效。无花果有帮助消化的良好作用，除了开胃、助消化之外，还能止腹泻、治咽喉痛。

食材百科

动物肝脏有很好的补血功效，面色萎黄者适当吃动物肝脏可补血养神。常食动物肝脏能保护视力，防治夜盲症，还有益于皮肤的健康生长。但需要注意的是，不新鲜的肝脏是不能吃的。

大枣枸杞鸡汤

材料：

【药材】枸杞子30克，党参3根，大枣30克。

【食材】鸡300克，生姜1块，葱2根，香油10毫升，盐8克，酱油5毫升，胡椒粉5克，料酒5毫升，鸡精5克。

做法：

1. 将鸡洗净后剁成块状汆烫捞起备用；大枣、枸杞、党参洗净；姜切片、葱切段备用。
2. 将剁好的鸡块及所有材料入水炖煮，加盐、酱油、胡椒粉、料酒煮10分钟。
3. 转小火炖稍许，撒入鸡精，淋上香油即可。

药膳功效

本药膳汤水清淡，味道香浓，能保肝明目、健脾益胃、益肾安神。食用乌鸡可以延缓衰老、强筋健骨、补气养血，对防治骨质疏松、佝偻病、铁性贫血症等有明显功效。尤其适合身体虚弱或皮肤干燥的人食用。

淤血体质

若寒邪入血致使寒凝血滞，或情志不遂、久病体虚、阳气不足，都会导致淤血症，形成淤血体质。

对症药材

1. 川芎
2. 桃仁
3. 红花
4. 益母草
5. 丹参

桃仁

对症食材

1. 黑豆
2. 鸡蛋
3. 糙米
4. 木耳

木耳

健康诊所

病因探究 长时间地陷于某种坏情绪中，引起体内气血失调，脏腑功能失常，会形成淤血型体质。多静少动，平常不锻炼身体，饮食过于油腻，环境寒冷等因素都会导致淤血体质的形成。

症状剖析 面色晦暗，肤质粗糙，雀斑色斑多，嘴唇颜色偏暗，有黑眼圈；慢性关节痛、肩膀发酸、头痛；胃部感觉饱胀；牙龈出血，皮下毛细血管明显，下肢静脉曲张。

本草药典

红花

性味 味辛，性温。
挑选 质柔软、具特异香气者佳。
禁忌 有出血倾向者慎用。

功效

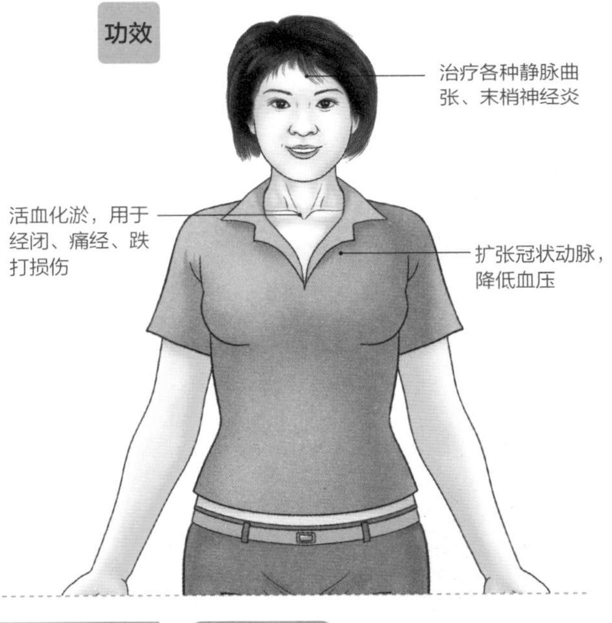

饮食宜忌

宜	多吃能行气活血的食物，如山楂、醋、玫瑰花、金橘、油菜、木瓜等。 气血充足能避免淤血，多吃能生血养血的食物，如大枣、木耳、丝瓜等。 适宜多吃菌类，能带走肠壁上堆积的脂肪。
忌	避免油腻的食物。

保健小提示

- 晚上洗热水澡，能辅助改善淤血体质。血遇热则会旺行，因此淤血体质的人，不妨洗洗热水澡。此外，常洗澡还能辅助治疗消化不良、胃溃疡、便秘、头痛等多种疾病。

丹参桃红乌鸡汤

材料:

【药材】丹参15克，大枣10颗，红花25克，桃仁5克。

【食材】乌鸡腿1只，盐2小匙。

做法:

1. 将红花、桃仁装在棉布袋内，扎紧。鸡腿洗净剁块、汆烫、捞起；大枣、丹参冲净。
2. 将所有材料盛入煮锅，加6碗水煮沸后转小火炖约20分钟，待鸡肉熟烂加盐调味即成。

黑豆桂圆汤

材料:

【药材】桂圆15克，大枣5颗。

【食材】黑豆30克，糙米30克，白糖2小匙。

做法:

1. 大枣洗净，切开去除枣核；黑豆、糙米洗净，分别泡发、待用。
2. 黑豆与糙米洗净后，与大枣、桂圆（即龙眼干）加水1000毫升，煮滚后以小火再煮30分钟，加入白糖后滤渣代茶饮。

川芎蛋花汤

材料:

【药材】川芎6克。

【食材】鸡蛋1个，米酒20毫升。

做法:

1. 川芎洗净，浸泡于清水中约20分钟。鸡蛋打入碗内，拌匀，备用。
2. 起锅，倒入适量清水，以大火煮滚后，加入川芎，倒入鸡蛋，蛋熟后加入米酒即可。

阴虚体质

阴是指人身体里的各种津液，当人体里的各种津液减少时，身体的阴亏虚，就会形成阴虚体质。

对症药材

① 玉竹 ② 北沙参 ③ 百合 ④ 麦冬

百合

对症食材

① 紫米 ② 芹菜 ③ 银耳 ④ 苜蓿芽

芹菜

健康诊所

病因探究 熬夜也会使身体里阴气不足，发生阴虚。如果吃的东西过于香燥生热，生了“内火”伤了身体里的“阴”，也会导致阴虚。阴虚也会随着衰老而出现。

症状剖析 面颊偏红或潮红，经常口干，容易上火、口腔溃疡；喜冷食，易饥饿；手心、脚心容易发热冒汗；女性月经不调，月经过少，甚至闭经；体形消瘦，常常失眠，脾气暴躁。

本草药典

玉竹

性味 味甘，性微寒。

挑选 以条长、肉肥、黄白色、光泽柔润者为佳。

禁忌 脾虚便溏者慎服，痰湿内蕴者忌服。

功效

养心阴，清心热，治疗烦热多汗、惊悸

滋养肺阴，清肺热

与知母、麦冬等配伍，可治疗消渴

与薄荷配伍，能治疗感冒咳嗽

饮食宜忌

宜

- 饮食应以清淡为宜。很多蔬菜都能清热祛火，比如白菜、黄瓜、茄子、苦瓜等。
- 大部分鱼类、贝类都非常适合被列入阴虚体质人的菜单，比如鲫鱼、干贝、蛤蜊、蚌肉等。

忌

- 不适合吃牛羊肉这一类“热性”的肉，可以吃鸭肉、兔肉等平性或凉性的肉类。

保健小提示

- 阴虚的人不适合吃麻辣火锅，可以以清淡的海鲜火锅代替。喜欢吃辣的人，要注意“吃熟不吃生”，因为辣味会随着烹饪消失，比如葱、姜、蒜等煮熟后辣味就会减轻。

糖枣芹菜汤

材料：

【药材】大枣10颗。

【食材】水芹菜250克，黑糖2大匙。

做法：

1. 大枣洗净，以清水泡软捞起，加3碗水煮汤，并加黑糖同煮。芹菜去根和老叶（鲜嫩叶要保留），洗净切段，备用。
2. 待大枣熬至软透出味，约剩2碗余汤汁，加入切好的芹菜段，以大火滚沸一次，即可熄火。

药膳功效

本药膳能安神、利尿消肿、防癌抗癌、补气养血、健脾益胃。大枣和芹菜搭配，既能调中安神，又能消暑清热，是夏季祛暑的首选膳食。

食材百科

芹菜绝对是夏日饮食的佳品，它性味清凉，可降血压、降血脂，最大的特点是能清内热。还能缓解高血压引起的头昏眩晕、心悸失眠等。此外，芹菜的钙、磷含量较高，能保护血管，增强骨骼。

紫米甜饭团

材料：

【药材】枸杞子5克。

【食材】紫糯米200克，燕麦片3克，红豆、萝卜干各5克，罐头玉米粒，素肉松各10克，南瓜子8克，苜蓿芽20克。

做法：

1. 紫糯米、红豆洗净，泡水至软；待紫糯米、红豆泡软后，与燕麦片分别盛入小碗至电饭锅蒸熟；苜蓿芽洗净，放入沸水中略烫后放凉。
2. 将煮熟的紫糯米平铺于耐热塑料袋上，再将素肉松与红豆、玉米粒等剩余材料铺于紫糯米上；再用塑料袋将所有食材包成饭团即可。

药膳功效

紫米的功效是补血养血，还有健脾、理中及治疗神经衰弱等。紫糯米含有铁、锌、钙、磷等人体所需物质，配合多样的蔬菜和坚果类食品一起食用，是一道营养又健康的美味药膳。

银耳优酪羹

材料：

【药材】银耳10克，蒟蒻50克。

【食材】原味酸奶120克，蜂蜜20克，细白糖适量。

做法：

❶ 银耳泡入水中发胀软化，剪去硬根部，叶片的部分剥成小片状，切小片。

❷ 全部药材加清水600毫升置入锅中，以小火煮沸，约2分钟关火，滤取药汁备用。

❸ 药汁倒入锅中，加入银耳煮沸，放入细白糖搅拌溶化后关火，透过滤网沥出银耳；将银耳拌匀加蜂蜜，搭配原味酸奶即可食用。

药膳功效

银耳性平无毒，既有补脾开胃的功效，又有益气清肠的作用，还可以滋阴润肺。酸奶可增强人体免疫功能；降低血清胆固醇的水平。二者结合可增强体质，有益身体健康。

食材百科

酸奶能增加胃酸，增强消化能力，促进食欲。经常食用酸牛奶，可以补充营养，防治动脉硬化、冠心病及癌症，降低胆固醇。

百合豆沙羊羹

材料：

【药材】百合15克。

【食材】扁豆15克，洋菜粉20克，绿豆沙200克，麦芽糖 50 克，细粒冰糖 30 克，蜂蜜 50 克。

做法：

❶ 洋菜粉、细粒冰糖一起拌匀，加入冷开水100毫升，拌匀备用。

❷ 百合、扁豆洗净，加水煮软，放入果汁机中打成泥状，再倒入锅中加入做法1中的材料拌匀，上锅熬煮，加入绿豆沙等所有剩下的材料。

❸ 最后倒入模型中，待凉冷冻即可。

药膳功效

此药膳具有滋补功效。百合具有润肺止咳、清心安神、补中益气的功效。扁豆可以补气强身、健脾和胃。绿豆还能清热利尿、清热解毒、凉血止血，所含蛋白质、磷脂均有兴奋神经、增进食欲的功能和降血脂的功效。

黄精炖猪肉

材料：

【药材】黄精 50 克。

【食材】瘦猪肉 200 克，葱、姜、料酒、食盐、味精各适量。

做法：

1. 将黄精、瘦猪肉洗净，分别切成长3厘米、宽5厘米的小块。
2. 放入锅内，加水适量，放入葱、姜、食盐、料酒。
3. 隔水炖蒸，待瘦肉熟后加入少许味精即可。

药膳功效

黄精炖猪肉，具有养脾阴、益心肺、润心肺、补中益气的功效，适用于阴虚体质、平时因调养不当或心脾阴血不足导致的食少失眠等病症；常用其作为保健食品来治疗肺结核、肺痨咳血、病后体虚等病症。

食材百科

猪肉的脂肪含量较高，在烹饪时煮炖超过2小时后，其中的脂肪会减少一半，胆固醇的含量也会大大降低。如果再加入海带或萝卜一起煮汤食用，更能减少其中脂肪的含量。

第九章 体质调理篇

银耳橘子汤

材料：

【药材】干银耳15克，大枣5颗。

【食材】橘子半个，冰糖2大匙。

做法：

1. 将银耳泡软后，洗净去硬蒂，切小片备用；大枣洗净；橘子剥开取瓣状。
2. 锅内倒入3杯的水，再放入银耳及大枣一同煮开后，改小火再煮30分钟。
3. 待大枣煮开入味后，加入冰糖拌匀，最后放入橘子略煮，即可熄火。

药膳功效

橘子味甘性平，有健胃理气、化痰止咳、通经络、消水肿等作用，银耳具有滋阴润肺、养气和血的作用，阴虚者可常用银耳煮粥来喝，能滋阴去火。此药膳能滋阴润肺、理气通络，对改善阴虚咳嗽、脾胃虚弱有很好的效果。此外，还有美容养颜、保湿润肤的作用，特别适合阴虚的女性食用。

痰湿体质

水在人体内担负着输送各种营养物质的重任。当身体新陈代谢不良时，水分无法正常移动而在身体内积滞，这就是痰湿。

对症药材

① 莲子 ② 泽泻 ③ 芡实 ④ 茯苓 ⑤ 薏苡仁

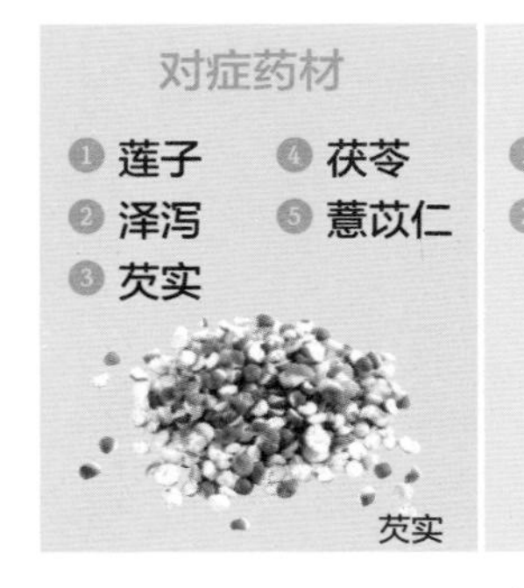
芡实

对症食材

① 猪小肠 ② 鸡蛋 ③ 排骨 ④ 豌豆

豌豆

健康诊所

病因探究 饮食甜腻伤害了脾脏，脾的运化功能减弱，长期滞留的水湿就成了痰湿。或者长时间生活在潮湿的环境中，外湿内侵，或者不喜欢运动，都会使人的体质偏向于痰湿。

症状剖析 身体虚胖，容易出汗，汗液黏腻；脸色暗黄，眼睛微肿，油性皮肤，脱发；常有痰，食欲减退、恶心，甚至反胃、呕吐；夜间尿频，尿量大颜色淡，女性会有白带过多。

本草药典

芡实

性味 味甘、涩，性平。

挑选 以颗粒饱满均匀、粉性足、无碎末及皮壳者为佳。

禁忌 平素大便干结或腹胀者忌食。

功效

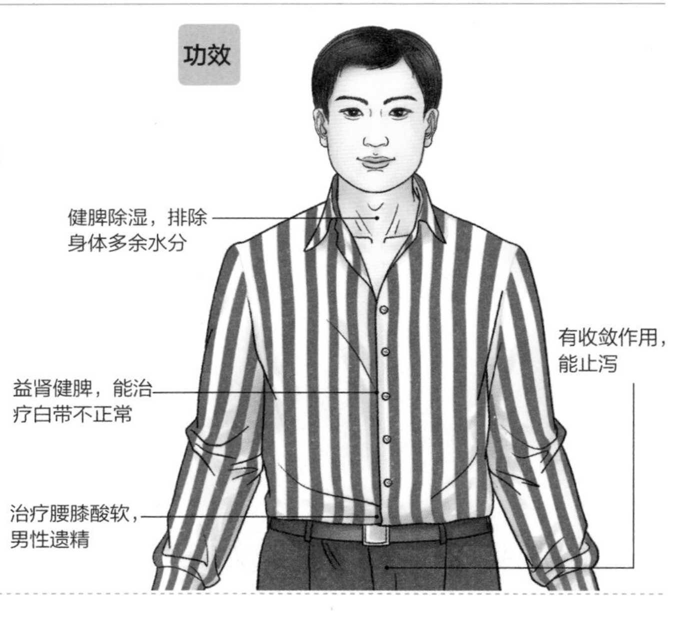

饮食宜忌

宜

- 多吃些健脾养胃的食物，如山药、香菇、银耳、南瓜、胡萝卜、鱼产品等。
- 选择化痰祛湿的食物，消除体内淤积的水湿，比如大蒜、茼蒿、柿子、杏仁、苹果、甘蔗等。

忌

- 苦味食物一般具有清热、泻火、泻下、燥湿及降逆等作用，对祛除身体里的湿热最有效果。

保健小提示

- 痰湿体质的人平时要经常运动，直到感到身体真的出汗了，才能有效果。可以选择竞走、跑步、打球等中等强度的运动。另外还要注意居室不可过分潮湿，应经常通风除湿。

党参黄芪排骨

材料：

【药材】党参1克，黄芪1克，八角1克。

【食材】小排骨120克，葱5克，姜片3克，米酒、豆腐乳、酱油、冰糖各适量，淀粉少许。

做法：

1. 排骨洗净，腌后入油锅炸至金黄色。党参、黄芪、八角放入锅中，加1碗水以小火煎煮20分钟，再加入其他佐料，煮沸。
2. 在蒸锅底铺上葱段，将排骨蒸1小时，捞出排骨装盘。将步骤1中的药汁勾芡后淋在排骨上即可。

芡实莲子薏仁汤

材料：

【药材】芡实100克，茯苓50克，山药50克，干品莲子100克，薏苡仁100克。

【食材】猪小肠500克，盐2小匙，米酒30克。

做法：

1. 将猪小肠洗净，汆烫后，剪成小段。
2. 将除调味料之外的所有材料洗净，与备好的小肠一起放入锅中。加水煮沸，再用小火炖煮约30分钟。快熟时加入盐调味，淋上米酒即可。

白果蒸蛋

材料：

【药材】白果5颗。

【食材】鸡蛋2个，盐1小匙。

做法：

1. 白果剥皮及薄膜，鸡蛋加盐打匀，加温水调匀成蛋汁，装入碗中加入白果。
2. 锅中加水，待水滚后转中小火隔水蒸蛋，每隔3分钟左右即掀一次锅盖，约蒸15分钟即可。

免疫力低下

当人体免疫功能失调，或者免疫系统不健全时，很多健康问题就会反复发作。

对症药材		对症食材	
①党参	④灵芝	①香菇	④龟
②山药	⑤大枣	②豌豆	⑤黑芝麻
③茯苓	⑥黄芪	③海带	⑥紫菜

党参　黑芝麻

健康诊所

病因探究 免疫力低下的身体易于被感染或患癌症；免疫反应异常也会产生对身体有害的结果，如引发过敏反应、自身免疫疾病等。各种原因使免疫系统不能正常发挥保护作用，都属于免疫力低下。

症状剖析 在此情况下，极易招致细菌、病毒、真菌等感染，因此免疫力低下最直接的表现就是容易生病。

本草药典

茯苓

性味 味甘、淡，性平。

挑选 以体重坚实，外表呈褐色而略带光泽，无裂隙，皱纹深，断面色白、细腻，嚼之黏性强者为佳。

禁忌 虚寒精滑或气虚下陷者忌服。

功效

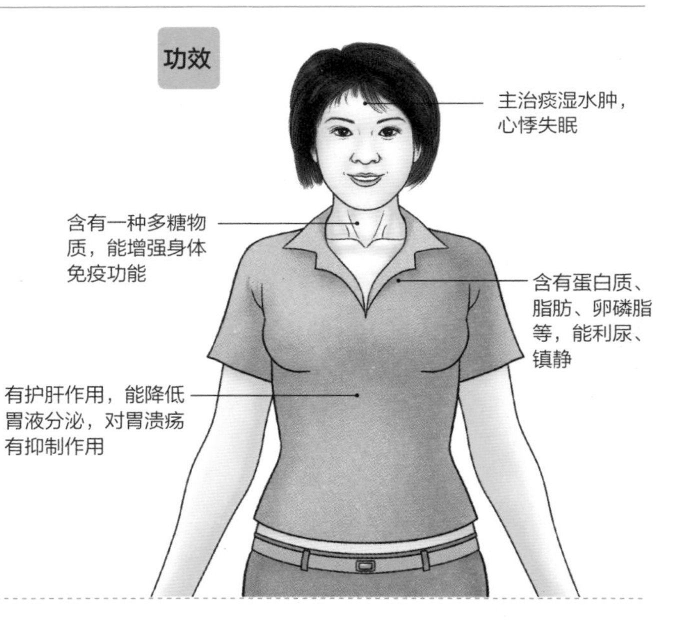

饮食宜忌

宜

- 蛋白质是合成免疫蛋白的主要原料，应适当多吃含蛋白质丰富的食物，如瘦肉、奶类、鱼虾类和豆类等。
- 喝茶也能调动人体免疫细胞抵御病毒、细菌以及真菌。
- 多吃富含维生素C的水果、蔬菜，比如草莓、番茄、黄瓜、胡萝卜等。

保健小提示

- 每天运动30分钟，每周5次，免疫细胞数目会增加，抵抗力也会增强。运动要适量，只要心跳加速即可，晚餐后散步就很适合，太过激烈或时间过长的运动反而会抑制免疫系统的功能。

黑豆洋菜糕

材料：

【药材】黑豆500克。

【食材】白糖100克，洋菜粉12.5克，青梅少许，碎冰糖少许。

做法：

1. 先将黑豆在石磨上磨一下，除去皮，再磨成粗粉，加白糖和适量的水拌匀，上笼蒸熟。
2. 将洋菜粉加少许水调和，倒入蒸熟的黑豆中，放上少许青梅、碎冰糖，冷却后，放入冰箱冻成糕，切成小块，即成一道甜点，可随意食用。

药膳功效

这道菜具有强身健体、增肥丰乳之功效。据分析，黑豆中蛋白质含量可与瘦肉、鸡蛋媲美，还含有人体不能自身合成的氨基酸。此外，黑豆还含有多种微量元素，对人体的生长发育、新陈代谢、内分泌的活性、免疫功能等均具有重要的作用。

蔬菜鲜饭团

材料：

【药材】黄芪10克，党参10克，枸杞子6粒。

【食材】黑芝麻5克，海带30克，白米1杯，紫菜1张，细粒冰糖1大匙，色拉酱1大匙。

做法：

1. 将黄芪、党参分别洗净，用棉布袋包起，熬煮出汤汁；再放入海带煮熟，过滤出汤汁备用。
2. 白米洗净，取备好的汤汁1杯浸泡30分钟后一起放入电饭锅，煮成白饭，趁热拌入冰糖溶化，将白饭做成饭团备用。
3. 将小片的紫菜贴在饭团上，撒上枸杞子、黑芝麻，抹上色拉酱即可。

药膳功效

本药膳能补血明目、祛风润肠、益肝养发、抗衰老、增强免疫力的功效。黄芪和党参都是很好的补中益气的药材，和滋阴的黑芝麻、海带搭配，适合身体虚弱、头晕耳鸣、高血压、高脂血症、贫血的人食用。

糯米甜大枣

材料：

【药材】大枣200克。

【食材】糯米粉100克，白糖30克，荷叶1片。

做法：

1. 将大枣洗净、泡好，用刀切开枣肚，去核。
2. 糯米粉用水搓成细团，放入切开的枣腹中，装盘。盘中可放1片荷叶，既能提味，又能避免黏盘。
3. 用白糖加水，将其溶化成糖水，均匀倒入糯米大枣中，再将整盘放入蒸笼，蒸5分钟即可出笼。

药膳功效

此药膳健脾益胃，适合脾胃虚弱，腹泻，倦怠无力的人食用，常食能补中益气，健脾胃，达到增加食欲，止泻的功效。

食材百科

糯米是一种温和的滋补品，能补虚养血、健脾暖胃、补脑益智，可以做年糕、包粽子。发酵制成的糯米酒，不仅味道香醇，营养也更加丰富。但糯米不易消化，不可多吃。

土茯苓灵芝炖龟

材料：

【药材】灵芝200克，土茯苓50克。

【食材】草龟1只，瘦肉200克，家鸡半只，大干贝3个，姜片5克，盐3克，味精5克，酒少许。

做法：

1. 草龟宰杀洗净；家鸡洗净；瘦肉切小块；干贝放入水中泡发2小时。
2. 把步骤1中的材料放入沸水中氽透，捞出，洗净。
3. 把步骤2中的材料放入炖盅中，加入调味料和洗净的药材，入蒸锅蒸3小时即可。

药膳功效

《本草纲目》中记载土茯苓具有“健脾胃，强筋骨，祛风湿”的功效，而乌龟则能大补阴虚，治劳倦内伤、四肢无力。土茯苓和乌龟搭配，一清一补，和能滋补强壮、固本扶正的灵芝一起煲汤，更加强清利湿热、解毒利尿的功效。

药膳功效

此药膳能清热解毒，治疗温病发热、热毒血痢，具有抗菌消炎，促进新陈代谢和增强免疫力的功效。其中的豌豆荚多食会发生腹胀，故不宜大量食用。

山药炒豌豆

材料：

【药材】生山药250克。

【食材】豌豆荚50克，冬笋200克，竹笙、香菇、胡萝卜、辣椒适量，盐1/2茶匙，淀粉2汤匙。

做法：

1. 香菇轻划十字，备用；豌豆荚、胡萝卜、辣椒斜切片；山药、冬笋切薄片；竹笙切段。
2. 烧热油锅，放入香菇、辣椒稍微拌炒，放入胡萝卜、山药及冬笋同炒，再加1杯水。
3. 收汁后放入豌豆荚、竹笙，调味，最后用淀粉勾一层薄芡即可。

本草详解

冬笋营养丰富，质嫩味鲜，清脆爽口；具有清热化痰、解渴除烦、利尿通便、养肝明目、消食的功效；对冠心病、高血压、糖尿病和动脉硬化等有一定的食疗作用，还有一定的抗癌作用。

药膳功效

本药膳有养心、安神、补气、滋阴壮阳之功效，可以促使人体气血旺盛、精力充沛，有利于患者的康复；适合病后体虚、免疫力低下、久劳伤身的人食用。

党参煲牛蛙

材料：

【药材】党参15克，大枣10克，莲子10克。

【食材】活牛蛙200克，排骨50克，姜、葱各10克，盐20克，白糖5克，胡椒粉少许。

做法：

1. 将牛蛙处理干净，剁成块；排骨洗净剁块，汆烫捞出；姜切片；葱切段；大枣泡发备用。
2. 在锅中注入适量清水，再放入牛蛙、排骨、党参、大枣、莲子。
3. 用中火先煲30分钟，再加入盐、白糖、胡椒粉，再煲10分钟即可。

食材百科

牛蛙的营养价值非常高，是一种高蛋白质、低脂肪、低胆固醇的营养食品，备受人们的喜爱。牛蛙有滋补解毒的功效，消化功能差或胃酸过多的人及体质弱的人可以用来滋补身体。

图书在版编目（CIP）数据

本草纲目对症药膳速查全书 / 吴剑坤，张国英主编；
健康养生堂编委会编著 . — 南京：江苏凤凰科学技术出版社，
2014.8（2018.7 重印）
（含章·速查超图解系列）
ISBN 978-7-5537-3215-2

Ⅰ.①本… Ⅱ.①吴… ②张… ③健… Ⅲ.①《本草
纲目》－食物疗法－食谱 Ⅳ.① R281.3 ② R247.1
③ TS972.161

中国版本图书馆 CIP 数据核字 (2014) 第 107249 号

本草纲目对症药膳速查全书

主　　编	吴剑坤　张国英
编　　著	健康养生堂编委会
责任编辑	张远文　葛　昀
责任监制	曹叶平　周雅婷
出版发行	江苏凤凰科学技术出版社
出版社地址	南京市湖南路 1 号 A 楼，邮编：210009
出版社网址	http://www.pspress.cn
印　　刷	北京富达印务有限公司
开　　本	718mm × 1000mm　1/16
印　　张	15
版　　次	2014年8月第1版
印　　次	2018年7月第3次印刷
标准书号	ISBN 978-7-5537-3215-2
定　　价	45.00元

图书如有印装质量问题，可随时向我社出版科调换。